Verschmelzung und neuronale Autokorrelation als Grundlage einer Konsonanztheorie

T0199894

Martin Ebeling

Verschmelzung und neuronale Autokorrelation als Grundlage einer Konsonanztheorie

PETER LANG

Frankfurt am Main · Berlin · Bern · Bruxelles · New York · Oxford · Wien

Bibliografische Information der Deutschen Nationalbibliothek
Die Deutsche Nationalbibliothek verzeichnet diese Publikation
in der Deutschen Nationalbibliografie; detaillierte bibliografische
Daten sind im Internet über <http://www.d-nb.de> abrufbar.

Gedruckt auf alterungsbeständigem,
säurefreiem Papier.

ISBN-10: 3-631-56102-4
ISBN-13: 978-3-631-56102-7

© Peter Lang GmbH
Europäischer Verlag der Wissenschaften
Frankfurt am Main 2007
Alle Rechte vorbehalten.

Printed in Germany 1 2 3 4 5   7

www.peterlang.de

Vorwort

Bei der Vorbereitung zu einer Arbeit über Paul Hindemiths „Unterweisung im Tonsatz", in der die Ergebnisse einer experimentellen Untersuchung zur Theorie des Akkordgefälles veröffentlicht werden sollte, stieß ich auf die Studie von Mark Tramo et al. „Neurobiological Foundations for the Theory of Harmony in Western Tonal Music" (2001), die mich auf die Idee brachte, die schematischen Muster periodischer, neuronaler Impulsketten zu mathematisieren, und griff den Gedanken auf, sie mit Hilfe von Autokorrelationsfunktionen zu studieren.

Als ich Herrn Prof. Dr. Gerald Langner, Darmstadt um einige Erläuterungen zu dem von ihm beschriebenen neuronalen Netzwerk zur Periodizitätsanalyse bat, ermunterte er mich mit den Worten: „Machen Sie diese Mathematik, die Neuronen machen auch nichts anderes!". In über zweijähriger Arbeit entstand daraufhin das Modell der Autokorrelationsfunktionen von Impulsfolgen.

Angeregt durch Hindemiths Vorstellung der Intervallwertigkeit und des Akkordgefälles habe ich die **allgemeine Koinzidenzfunktion** definiert, mit der ich die Idee realisiere, die Wertigkeit der Intervalle berechenbar zu machen.

Dass diese Funktion mit Carl Stumpfs „System der Verschmelzungsstufen in einer Curve" übereinstimmt, unterstützt die von meinem Doktorvater Prof. Dr. Jobst P. Fricke, Köln stets vertretene Vermutung, dass Stumpfs Theorie der Tonverschmelzung die Grundlage einer Konsonanztheorie sein sollte. Von ihm wurde ich dazu angeregt, Unschärfen der Verarbeitung in die Theorie einzuarbeiten, um das Zurechthören beschreibbar zu machen. Besonders danke ich aber Prof. Dr. Jobst P. Fricke, dass er sich oft die Zeit nahm, sich meine Theorie genau erläutern zu lassen, und große Teile des Manuskriptes kritisch durchzusehen.

Ganz besonders danke ich meiner Frau Birgit für die Erstellung der maschinenschriftlichen Fassung, für gründliches Korrekturlesen insbesondere im mathematischen Teil und eine Vielzahl von Verbesserungen.

Mönchengladbach, im Oktober 2006

Abstract

Tonal fusion and neuronal autocorrelation as a basis for a consonance theorie

1. Background

The frequency analysis mechanisms of the inner ear transform sound into a neural code. As the period is the reciprocal of the frequency, periodic patterns in the neural spike train of the auditory nerve represent the frequency components of the sound.

Cariani & Delgutte (1996) have shown that the distribution of interspike intervals between all spikes provide a neural code for the representation of acoustical information. A time series analysis of neural spike trains leads to autocorrelation histograms that show maxima for periods corresponding to the perceived pitch.

Inner oscillation and delay mechanisms in the cochlear nucleus and coincidence detection executed by neurons in the inferior colliculus form the basis of a neural correlation mechanism: a bank of neural circuits performs a periodicity analysis in the time domain mathematically corresponding to autocorrelation (Langer & Schreiner, 1988; Langner, 2005).

Tramo, Cariani, Delgutte & Braida (2001) found out that consonant intervals evoke periodic firing patterns in the auditory nerve, whereas dissonant intervals show irregular spike trains without periodicity.

Since Licklider (1951), a neuronal autocorrelation mechanism has been regarded as a possible basis of pitch perception.

It must be pointed out that the autocorrelation function is as powerful a means for signal analysis as the fourier transform. From a mathematical point of view, both methods are equivalent.

2. Aim and Questions

Based on these findings, it should be possible to describe the logics of neuronal coincidence mechanisms in terms of mathematics. How are those neural mechanisms related to the conception of consonance and dissonance?

3. Methods

To form a mathematical model of neural coding and autocorrelation, a sequence of rectangular pulses I_ε with a small width of ε shall represent a tone. The width is important to take fuzziness and impreciseness of neural coincidence into account. The distance T between successive pulses represents the period of the tone:

$$x(t) = \sum_n I_\varepsilon(t - n \cdot T)$$

Its autocorrelation function

$$\rho(\tau) = \int x(t) \cdot x(t + \tau)dt$$

is a sequence of triangular pulses and shows the periodic structure of $x(t)$ with regard to fuzziness as determined by ε.

Intervals consist of two tones. Thus the sum of two sequences $x_1(t)$ and $x_2(t)$ of rectangular pulses with the periods T_1 and T_2 represents an Interval. Its autocorrelation function is a sequence of partially overlapping triangular pulses. The degree of overlap depends on the vibration ratio

$$s = \frac{T_1}{T_2}.$$

It is possible to compute the autocorrelation function for every interval with its characteristic vibration ratio a. Thus the function $\rho(\tau, s)$ provides the autocorrelation function for every s.

Squaring and integrating the function $\rho(\tau, s)$ over the relevant time region from 0 ms to 50 ms (corresponding to the audible frequencies ranging from 20 Hz to 20000 Hz), provides a measure value for the degree of overlap for every vibration ratio s. Thus the "generalized coincidence function" is defined by:

$$\kappa(s) := \int_0^{50} \rho^2(\tau, s)d\tau.$$

Its graph corresponds to Carl Stumpf's "System der Verschmelzungsstufen in einer Curve" (Stumpf 1890/1965), which he derived from hearing experiments.

4. Conclusion
In the auditory system, coinciding periodicity detections with fuzziness evoke tonal fusion which must be regarded to be essential for the sensation of consonance and dissonance.

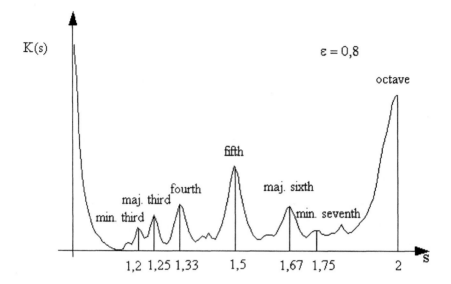

Figure: Generalized Coincidence function $\kappa(s)$ for frequency ratios from the unison ($s = 1$) to the octave ($s = 2$), ($\varepsilon = 0,8$ ms)

Inhalt

1. Textteil
1.0. Einleitung
1.0.1. Die allgemeine Koinzidenzfunktion

Im Mittelpunkt der Arbeit steht die hier erstmals definierte allgemeine Koinzidenzfunktion (2.4 und 3.7), die den Grad der Koinzidenz von (neuronalen) Impulsfolgen berechnet. Sie wird innerhalb einer mathematischen Modellbildung formal als Funktion definiert (M-Gl. 278) und lässt sich innerhalb einer Konsonanztheorie „auf die zeitliche Kohärenz des Nerven-impulsmusters, d. h. auf den taktmäßigen Zusammenhang der ausgelösten Nervenimpulse" (Hesse 2003b S. 132) anwenden. So gelingt mit ihr der Brückenschlag zwischen neueren Einsichten in die Struktur von Nervenimpulsfolgen, die die neuronalen Korrelate von Tonhöhen und musikalischen Intervallen darstellen, und dem von Carl Stumpf (1890) entwickelten psychologischen Konzept der Tonverschmelzung bei simultanen Intervallen (2.5).

1.0.2. Lipps Theorie der Mikrorhythmen

In Koinzidenztheorien der Konsonanz spielten Impulsmuster die entscheidende Rolle. Zunächst wurden diese Impulsmuster nur als Luftstöße aufgefasst, die auf das Ohr/ Trommelfell treffen (z. B. Mersenne 1663, vgl. 1.2.3). In Weiterentwicklung dieses physikalisch orientierten Gedankens hat Lipps (1899) die Auffassung vertreten, dass die physikalischen Schwingungen als Rhythmen in den physiologischen Organen umgesetzt werden. Dadurch werde der physikalische Rhythmus der Schwingungen in einen psychologischen Rhythmus übertragen. Dieser Gedankengang bildet die Grundlage der Mikrorhythmen – Theorie. Bestätigt wird Lipps Spekulation heute durch die Neurologie: Tonhöhen werden in periodischen Feuermustern neuronal codiert (1.3). Dadurch entstehen bei Intervallen (Mehrklängen) periodische Impulsmuster, die in der Mikrorhythmen - Theorie untersucht werden (Hesse 2003a/ 2003b S. 122ff).

1.0.3. Mathematisierung der Impulsfolgentheorie

Die schematische Abfolge und periodische Wiederkehr der Impulse im Hörnerv legt den Gedanken nahe, eine Mathematisierung von Impulsmustern durchzuführen, um die implizite Logik dieser Feuermuster zu studieren.

In der Neurologie wird die Informationsübertragung in den Nerven stochastisch erfasst. Dazu werden die zeitlichen Abstände zwischen den Nervenimpulsen (ISI = "interspike interval") gemessen und die Anzahl gleicher Abstände bestimmt. In Häufigkeitsdiagrammen (Histogrammen) wird der zu Grunde liegende neuronale Code sichtbar (1.3).

Die ISI periodischer Feuermuster folgen einer Logik, die im ersten Abschnitt des Mathematischen Teils (3.1) mit Mitteln der Zahlentheorie entwickelt wird. Der entscheidende Gedanke ist dort die Idee der Koinzidenz: bei zwei oder mehr gleichzeitig laufenden Impulsfolgen fallen nach bestimmten logischen Gesetzen einige Impulse beider Reihen zusammen. Andere Impulse bilden ISI bestimmter, berechenbarer Länge. Mathematisch handelt es sich um Probleme der Teilbarkeitstheorie, die in der elementaren Zahlentheorie beschrieben werden. Die Berechnungen führen auf theoretisch hergeleitete Histogramme, die den an Nervenimpulsen tatsächlich gemessenen in ihrem Muster entsprechen (3.1.3.6, vgl. Tramo et. al. 2001).

1.0.4. Die Autokorrelationsfunktion

Die Analyse periodischer Vorgänge kann im Frequenzbereich, aber auch im Zeitbereich erfolgen. Allgemein üblich ist in der Naturwissenschaft und Technik die Spektralanalyse durch Fouriertransformation. Wenig gebräuchlich, aber ebenso leistungsfähig ist die harmonische Analyse durch Korrelationsrechnung. Dieses Verfahren stammt ursprünglich aus der Statistik, arbeitet ähnlich einer Zeitreihenanalyse im Zeitbereich und dient zur Periodizitätsanalyse. Man kann zeigen, dass beide Verfahren äquivalent sind (vgl. Theorem von Wiener, Wiener 1930).

Weil Schall neuronal in zeitlichen Impulsfolgen codiert wird, ist auch von einer neuronalen Verarbeitung im Zeitbereich auszugehen (1.3). Das wichtigste, mathematische Instrument zur Beschreibung einer solchen Analyse ist die Autokorrelationsfunktion (vgl. 1.4 und 3.2). Da die Theorie der Korrelationsfunktionen in vielen Lehrbüchern keine geschlossene Darstellung erfährt, wurde im zweiten Abschnitt des mathematischen Teils ein kurzer Abriss dieser Theorie gegeben (3.2.2), der der sehr klaren Darstellung von A. Papoulis: „Generalized Harmonic Analysis, Correlation and Power Spectra" (Papoulis 1962 S. 240ff) folgt.

Die Theorie der Korrelationsfunktionen wird dann auf (mathematische) Impulsfolgen angewandt. Die Analyse der Impulsfolgen für Intervalle durch Korrelationsfunktionen führt bemerkenswerterweise auf dieselben Muster, wie sie die zahlentheoretisch hergeleiteten Häufigkeitsverteilungen für die ISI der Impulsfolgen liefern (3.1.3). Beide Berechnungen sind äquivalent.

1.0.5. Ein neuronaler Autokorrelator

Damit die Autokorrelationsanalyse jenseits einer Strukturanalyse von Impulsfolgen Relevanz bekommt, ist es wünschenswert, einen solchen Autokorrelationsmechanismus auch physiologisch nachzuweisen. Die Idee, dass im Gehör eine neuronale Autokorrelation stattfindet, wurde von Licklider (1951) geäußert. Das Grundprinzip eines solchen Autokorrelators ist recht simpel (1.3.3) und kann neuronal auf der Grundlage von Koinzidenzdetektionen realisiert werden. Im Ergebnis entsteht eine Periodizitätsanalyse, bei der jede Frequenz auf die Reihe ihrer Subharmonischen abgebildet wird.

Waren Lickliders Überlegungen noch spekulativ, so ist es Langner/ Schreiner (1988) gelungen, einen Korrelationsmechanismus nachzuweisen, der eine

Periodizitätsanalyse durchführt. Die Funktionsweise dieses neuronalen Auto-korrelators wird ausführlich beschrieben (1.3.4).

1.0.6. Impulsformen und Unschärfen – Zurechthören und Intonation

Jeder im Hörnerv und in den höheren Hörbahnen laufende Einzelimpuls entsteht durch das Feuern einer Vielzahl von Nervenzellen. Das mathematische Modell der Impulsfolge benutzt dafür einen einzelnen Impuls, der als stochastische Ver-teilung der Einzelentladungen dieser Nervenzellen anzusehen ist. Jeder einzelne Impuls der mathematischen Impulsfolge ist daher eine Wahrschein-lichkeitsdichtefunktion mit einer zu berücksichtigenden (wirksamen) Vertei-lungsbreite. Im idealisierten Fall ist diese Breite gleich 0. Dann ist der Impuls eine δ- Funktion (auch Dirac- Operator oder δ- Impuls, vgl. Hartmann 2000 S. 150ff). Der Fall der von δ- Impulsen gebildeten Impulsfolgen ist der in der klas-sischen Koinzidenztheorie diskutierte Fall exakt ganzzahliger Schwingungsver-hältnisse. Aus dem Modell ergibt sich automatisch ein Koinzidenzmaß für diese ganzzahligen Schwingungsverhältnisse, das jedem reinen Intervall - ähnlich wie Eulers Gradus – Funktion Γ - eine Maßzahl zuordnet (3.1.3.4/ 3.7.2.1 und 3.7.3.2, sowie (M-Gl. 49)).

Im Modell können beliebige Wahrscheinlichkeitsdichtefunktionen mit einem „Breiteparameter" gewählt werden. Zur Berechnung wird später der Rechteck-impuls benutzt, aber es können auch andere Impulsfunktionen in die Gleichun-gen eingesetzt werden. In allen Fällen konvergieren die verschiedenen Impulse, weil sie Wahrscheinlichkeitsdichtefunktionen sind, gegen den δ- Impuls, wenn man die Breite beliebig verkleinert. Daher zeigen die verschiedenen, aus kon-vergenten Impulsen gebildeten Funktionen bei kleinen Breiten dasselbe Verhal-ten. Durch diesen Ansatz kann der Begriff der Koinzidenz allgemeiner gefaßt werden, wodurch es möglich wird, die bekannten, physiologisch bedingten Un-genauigkeiten im Modell zu berücksichtigen. Das ist von großer Bedeutung, weil diese Unschärfen dazu führen, dass geringe Abweichungen von den ganz-zahligen Schwingungsverhältnissen kaum Einfluss auf den Koinzidenzgrad ha-ben. Sichtbar wird das an der allgemeinen Koinzidenzfunktion, die so kon-struiert ist, dass sie den Koinzidenzgrad für beliebige Schwingungsverhältnisse berechnen kann. Es wird damit möglich, u. a. so bedeutende Phänomene, wie das Zurechthören (vgl. Fricke 1968) und die aus der musikalischen Praxis be-kannten Toleranzbereiche für die als richtig empfundene Intonation (Fricke 1988) im Modell zu berücksichtigen und sie sogar aus der Logik des mathemati-schen Modells zu erklären.

1.0.7. Neuronaler Koinzidenzgrad

Eine Autokorrelation von Impulsfolgen führt zu Koinzidenz von Impulsen. Es entspricht der Logik der Autokorrelation, dass einige Koinzidenzneuronen in einem Autokorrelator mehrfach erregt werden. Diese Mehrfacherregung ist nur bei diskreten δ- Impulsen punktuell, bei Impulsen mit einer wirksamen Breite ε erhält man überlappende Bereiche mit Mehrfacherregungen. Der Grad dieser Mehrfacherregungen kann bestimmt werden, indem die durchschnittliche Energie der Autokorrelationsfunktion berechnet wird (3.7.2). Dieses ist der Kerngedanke, der zur Konstruktion der Koinzidenzfunktion führt. Die Koinzidenzfunktion bestimmt für jedes Schwingungsverhältnis die durchschnitt-liche Energie der Autokorrelationsfunktion, die aus den zugehörigen Impuls-folgen gebildet wird. Die durchschnittliche Energie der Autokorrelations-funktion dient als Maß für die Koinzidenz eines Intervalls.

1.0.8. Hüllkurve und Periodizitätsanalyse

Die Periodizität eines Signals kann an der Hüllkurve abgelesen werden. Daher werden in Theorien der Tonhöhenwahrnehmung, die von einer Periodizitätswahrnehmung ausgehen, Hüllkurvenabtastungen vermutet. Langner/ Schreiner benutzen amplitudenmodelierte Töne zum experimentellen Nachweis der Periodotopie im *colliculus inferior*. Die „pitch-shift" – Effekte bei komplexen Tönen mit inharmonischen Spektren können aus der Hüllkurve nicht erklärt werde. Die Inharmonizitäten werden im Graph der Autokorrelationsfunktion jedoch sichtbar. Das zeigt der Vergleich zwischen der Periodizität der Hüllkurve und der Autokorrelationsfunktion des Signals (2.6 und 3.8).

1.0.9. Bezug zu anderen Konsonanztheorien

Eine Koinzidenztheorie, die von einem Autokorrelationsmechanismus für Impulsfolgen ausgeht, stellt eine Verallgemeinerung herkömmlicher Koinzidenztheorien dar. Durch die in dieser Arbeit definierte allgemeine Koinzidenzfunktion wird eine Berechenbarkeit in solche Theorien eingeführt. Zur Einordnung dieses Ansatzes sind im ersten Teil einzelne Hörphänomene, die bei simultanen Intervallen auftreten, und verschiedene Konsonanztheorien, die sich auf diese Hörphänomene beziehen, kurz skizziert und auf ihre Relevanz zur Erklärung des Konsonanz/ Dissonanzphänomens geprüft worden (1.2). Die allgemeine Koinzidenzfunktion kann vor dem Hintergrund anderer Koinzi-denztheorien eingeordnet werden.

Aus der Erörterung der zu Grunde liegenden psychoakustischer Erscheinungen ergeben sich Prämissen für die mathematische Modellbildung, die quasi wie ein Axiomsystem an den Anfang der Arbeit gestellt wurden (1.1), um die Voraussetzungen, von denen ausgegangen wird, deutlich zu machen.

1.0.10. Textteil – mathematischer Teil

Formal ist die Arbeit in einen vorwiegend erklärenden Textteil und in einen mathematischen Teil, in dem das Modell konstruiert wird, geteilt. Dadurch konnten die Erörterungen des Textteils weitgehend von dem Ballast mathematischer Formalismen frei gehalten werden. Da die mathematische Formulierung jedoch

die notwendige Grundlage der Theorie darstellt, wurde im zweiten Teil das mathematische Modell bis hin zu reinen Routineumformungen explizit ausgeführt.
Impulse, Impulsfolgen und die Autokorrelationsfunktionen werden einmal allgemein, und dann am Beispiel des δ-Impulses und des Rechteckimpulses diskutiert, was notwendigerweise Wiederholungen zur Folge hat. Das eröffnet aber
die Möglichkeit zu Querverweisen aus dem Textteil auf die entsprechenden
Gleichungen im mathematischen Teil. Nur auf die wichtigsten abgeleiteten
Gleichungen oder allgemeinverständliche mathematische Formulierungen wurde
im Textteil nicht verzichtet. Die durch diese Dopplungen entstehende Redun-
danz kann dem Verständnis nur dienlich sein.

1.1. Vorüberlegungen
1.1.1. Tonhöhenempfinden und Wechselwirkungen zwischen Tönen
Das Hören von simultanen Intervallen führt zum Tonhöhenempfinden zweier
das Intervall konstituierender Töne, der Primärtöne und zur Wahrnehmung von
Wechselwirkungen zwischen den im Signal enthaltenen Komponenten. Dabei ist
ein musikalischer Ton im physikalischen Sinn in der Regel ein komplexer
Klang.

Das Tonhöhenempfinden beruht auf:
a) unmittelbarer Frequenzwahrnehmung – Analyse im Frequenzbereich und
b) neuronaler Periodenbestimmung – Analyse im Zeitbereich.

1.1.2. Frequenzanalyse im peripheren Gehör
Im peripheren Gehör findet eine Frequenzanalyse statt, die auf der Wellendispersion in der Endolymphe des Cortischen Organs beruht. Dieser Vorgang ist
dem prismatischen Effekt der Optik vergleichbar, bei dem das Licht nach seinen
Frequenzen zerlegt wird. Das Schallsignal wird in ein Ortsmuster der Erregung
auf der Basilarmembran abgebildet. Jeder Frequenz entspricht ein Erregungsort
auf der Basilarmembran. Die so gewonnene Tonotopie findet sich in den höheren neuronalen Verarbeitungsebenen wieder.

Die von der Wanderwelle ausgelöste Bewegung der Basilarmembran veran-
lasst die tonotop organisierten Haarzellen, Nervenimpulse über den Hörnerv
weiterzuleiten, in deren Feuermuster die aufgelösten und so analysierten Frequenzen codiert sind.

1.1.3. Periodizitätsanalyse im auditorischen System
Im Hörnerv ist die Gesamtheit aller wahrgenommenen Frequenzen, soweit sie
aufgelöst sind, repräsentiert. Zu jeder Frequenz gehört dabei ein Feuermuster
(aus „spikes") mit einer Periode, die dem Kehrwert dieser Frequenz entspricht.
Durch die neuronale Vermessung der zeitlichen Abstände zwischen den „spikes" der Feuermuster werden die Perioden der aufgelösten Frequenzen analysiert.

1.1.4. Gegenseitige Beeinflussung

Werden mehrere Töne oder Töne plus Geräusche oder ähnliches, also zusammengesetzte Signale als Reize benutzt, so kommt es schon peripher zu gegenseitigen Beeinflussungen. Die grundlegenden Mechanismen der Frequenz- und Periodizitätsanalyse werden dadurch aber nicht außer Kraft gesetzt. Das bedeutet, dass für das Hören von Intervallen und Akkorden, insbesondere für das damit verbundene Konsonanz- und Dissonanzempfinden, dieselben Mechanismen der Frequenz- und Periodizitätsanalyse verantwortlich sind, wie für das Tonhöhenempfinden einzelner, sowohl einfacher als auch komplexer Töne.

1.1.5. Unschärfen

Beide Analysemechanismen - Frequenz- und Periodizitätsanalyse - sind mit Wahrnehmungsgrenzen und Unschärfen, sowie überlagernden Miterregungen behaftet, die für das Tonhöhenempfinden bedeutend sind und sich in Mithörschwellen, Bandbreiten der Wahrnehmung, Maskierungen etc. zeigen (vgl. Kopplungsbreite der auditorischen Filter, Form und wirksame Breite neuronaler Impulse, siehe auch: Zwicker/Fastl 1999, Hartmann [4]2000). Die Berücksichtigung dieser Tatsachen ist wichtig bei Mathematisierungen, die in ihrer Idealisierung die Bedeutung dieser Unschärfen leicht übersehen und zu falschen Vorstellungen führen können.

1.1.6. Frequenz - Domain versus Time - Domain

Bei Experimenten an einer Katze stellten Ernest Glen Wever und sein Mitarbeiter Charles W. Bray fest, dass die vom Hörnerv abgegriffenen Impulsfolgen über ein Audiosystem unmittelbar wieder hörbar gemacht werden können (Hartmann [4]2000 S. 531, vgl. Wever&Bray 1930) Das vom Katzenohr aufgenommene Signal wird also im Hörnerv durch den neuronalen Code so getreulich dargestellt, dass das menschliche Ohr bei der Wiedergabe des Katzenohrsignals das ursprüngliche Signal so rekonstruieren kann, als sei es durch ein (minderwertiges) Mikrophon aufgenommen worden („microphone effect"). Die neuronalen Feuermuster dieses Codes sind als zeitabhängige Phänomene aufzufassen. Offenbar führt das Gehör eine zeitabhängige Analyse neuronaler Feuermuster durch.

Auf der anderen Seite zeigt das Gehör auf allen Verarbeitungsebenen tonotope Strukturen (Yost 2000 S. 232). In einer Übertragungskette aus Hörmuschel, Trommelfell und Gehörknöchelchen werden Schallsignale zum flüssigkeitsgefüllten Innenohr übertragen, wo sie Wanderwellen auslösen. Die Wellendispersion führt dazu, dass die Wanderwellen frequenzabhängig an verschiedenen Stellen auf der Basilarmembran „stranden". An diesen Orten lösen sie die stärkste Mitbewegung der Basilarmembran aus (Békésy 1960 S. 460ff/ S. 500ff, Keidel 1975 S. 14ff, Rindsdorf 1975 S. 68ff). Im Innenohr wird der Schall somit in seine spektralen Komponenten zerlegt und jede Frequenz einem Ort auf der Basilarmembran zugeordnet. Im Ergebnis entsteht eine (logarithmische) Skalierung der Frequenzen – von den hohen zu den tiefen – auf der Basilarmembran (Husmann 1991 S. 23, Ebeling 1999 S. 37ff). Die so gewonnene Ordnung bleibt im weiteren Gehörsystem bis zur cortikalen Ebene als „tonotope" Organisation der neuronalen Struktur erhalten, d. h. es lässt sich auf jeder weiteren Verarbeitungsstufe im auditorischen System jeder Frequenz eineindeutig ein Ort, der diese Frequenz repräsentiert, zuordnen (Einortstheorie, Romani et al. 1982 S. 1339 – 1340).

Zur Erklärung einzelner Gehörerscheinungen treten deshalb Modellbildungen im Frequenzbereich – die spektralen Eigenschaften des Klanges sind hier Grundlage der Deutung – in Konkurrenz zu Modellen, die Vorgänge im Zeitbereich zur Begründung heranziehen. So wird die Ortstheorie in der „Volley- Theorie" von Wever (vgl. Wever 1949 S. 166ff) durch Untersuchungen ergänzt, die die Hörphänomene nicht (allein) spektral – im Frequenzbereich – zu erklären versuchen, sondern die Analysen der laufenden Impulsfolgen – im Zeitbereich – annehmen (z. B.: Cariani 1996, Javel 1980, Langner/Schreiner 1988, Meddis 1986/1988, Patterson 1994, Patterson u. Allerhand 1995, Rhode 1995, Rose et al. 1967, siehe auch Meddis und Hewitt 1991 und das Developement System for Auditory Modelling DSAM des Centre for the Neural Basis of Hearing (CNBH) – Universitäten Cambridge und Essex, in das eine Vielzahl von im Zeitbereich arbeitenden Modulen implementiert sind).

Insbesondere das Tonhöhenempfinden und die damit zusammenhängenden Erscheinungen von Konsonanz und Dissonanz können einerseits aus der Perspektive der spektralen Zerlegung in die einzelnen Frequenzkomponenten gedeutet werden, der mathematisch eine Fourieranalyse entspricht, andererseits aber auch aus dem Blickwinkel einer Periodizitätsanalyse des Schalls betrachtet werden (McKinney et al. 2000, Tramo et al. 2001).

Die spektrale Zerlegung des Schalls erfolgt im Innenohr. Deshalb sind bei Betrachtungen im Frequenzbereich die Erscheinungen zu berücksichtigen, die sich auf die Eigenschaften des peripheren Gehörs beziehen: auditorische Filter, Kopplungsbreiten, Maskierungen, Rauhigkeiten, Eigenschaften der Haarzellen, Nichtlinearität, u. s. w.

Die Betrachtungen im Zeitbereich betreffen primär die neuronale Verarbeitung. Hier sind Überlegungen etwa zur Impulsbreite, zu Feuermustern (Interspike – Intervals, Goldstein/Scrulovicz 1977, Yost 2000 S. 133), zu neuronalen Verzögerung und Koinzidenz von Impulsen bei der neuronalen Periodizitätsanalyse wichtig (Langner/Schreiner 1988; Licklider 1951, Tramo et al. 2001).

Da die Frequenz einer periodischen Funktion gleich dem Kehrwert der (kleinsten) Periode dieser Funktion ist, ist es vom mathematisch - logischen Standpunkt aus gleichgültig, ob eine Analyse im Frequenzbereich oder im Zeit-

24

bereich stattfindet. Eine Periodizitätsanalyse etwa durch Autokorrelation (1.4.4) und eine Frequenzanalyse durch Fourieranalyse (bzw. durch Fourier - Transformation) lassen sich über das Energiespektrum ineinander überführen (vgl. 3.2.2.2, Abb. 45, Parsevalsche Formel, Wiener- Khintchive- Relation, Papoulis 1962 S. 27/241f, Hartmann [4]2000 S. 334/341).

1.2. Wechselwirkungen im Simultanen Intervall und die Konsonanz

1.2.1. Schwingungsverhältnis

Ein Intervall ist durch das Verhältnis der Intervalltöne zueinander charakterisiert. Im simultanen Intervall (zwei Töne gleichzeitig) treten zur Wahrnehmung beider Primärtöne des Intervalls als zwei verschiedene Tonhöhen noch hörbare Begleiterscheinungen hinzu, die sich insbesondere in der gemeinsamen Verschmelzung und gegenseitigen Störung der Primärton-empfindungen zeigen. Art und Grad dieser Begleiterscheinungen hängen von dem Verhältnis der primären Intervalltöne ab. Dieses Verhältnis wird physikalisch als Schwingungsverhältnis s ausgedrückt, das der Quotient der beiden Grundfrequenzen f_1 und f_2 ist:

$$s = \frac{f_2}{f_1}.$$
(Gl. 1)

Mit den Perioden $T_1 = \frac{1}{f_1}$ und $T_2 = \frac{1}{f_2}$ ist dann das Schwingungsverhältnis:

$$s = \frac{T_1}{T_2}.$$
(Gl. 2)

1.2.2. Verschmelzung

Erklingen zwei Töne gleichzeitig, so hört man als einheitliche Empfindung ein Intervall mit einem für dieses Intervall typischen Klangcharakter. Die Einzeltöne sind in der Regel schwerer zu unterscheiden, als beim Sukzessivintervall.

„Der Hauptgrund für die geringere Unterscheidbarkeit gleichzeitiger Empfindungen gegenüber unmittelbar aufeinanderfolgenden, liegt in einer allgemeinen Tatsache. Alle Empfindungsqualitäten treten, wenn sie aus aufeinanderfolgenden in gleichzeitige übergehen, ausser in dieses Verhältnis der Gleichzeitigkeit noch in ein anderes Verhältnis, demzufolge sie als Teile eines Empfindungsganzen erscheinen. Aufeinanderfolgende Empfindungen bilden als Empfindungen eine blosse Summe, gleichzeitige schon als Empfindungen ein Ganzes....In Folge dieses neuen Verhältnisses wird der Eindruck gleichzeitiger Empfindungen dem einer einzigen Empfindung ähnlicher als derjenige derselben Empfindungen in blosser Aufeinanderfolge." (Stumpf 1890/1965 Bd.II S. 64).

Stumpf charakterisiert Verschmelzung also als „Empfindungsganzes", das bei der Wahrnehmung eines simultanen Intervalls in Erscheinung tritt. Um den Unterschied in der Empfindung zwischen simultanen und sukzessiven Intervalltönen zu verdeutlichen, charakterisiert er die Wahrnehmung von aufeinander folgenden Intervalltönen als „blosse Summe" von Empfindungen. Es sollte aber berücksichtigt werden, dass auch hier eine Gesamtempfindung entsteht, die mehr ist, als nur die Summe zweier Empfindungen, weil beide Töne auch in der Sukzession in einer Tonbeziehung stehen. Schon bei wenigen aufeinander folgenden Tönen entsteht ein Grundtonbezug (Auhagen 1989/ 1994). Die gegenseitige Beeinflussung sukzessiver Töne ist auch psychoakustisch nachgewiesen (vgl. z. B. tonal - temporal masking, Yost 2000 S. 174).

Wie ähnlich bei simultanen Intervallen das Hören und Empfinden beider Töne einer einzigen Empfindung wird, hat Stumpf in Hörversuchen untersucht und daraus die Verschmelzungsgrade der Intervalle ermittelt. So lassen sich die Intervalle den Verschmelzungsstufen zuordnen.

„Halten wir uns zunächst in einem Tongebiet, welches durch das Schwingungsverhältnis 1:2 abgegrenzt ist, so bemerke ich folgende Stufen der Verschmelzung verschiedener Töne, von der stärksten bis zur schwächsten Stufe.

• Erstens die Verschmelzung der Oktave (1:2).

• Zweitens die der Quinte (2:3).

• Drittens die der Quarte (3:4).

• Viertens die der sog. natürlichen Terzen und Sexten (4:5, 5:6, 3:5, 5:8), zwischen welchen ich in dieser Hinsicht keine deutlichen Unterschiede finde.

Fünftens die aller übrigen musikalischen und nichtmusikalischen Toncombinationen, welche für mein Gehör wenigstens, untereinander keine deutlichen Unterschiede der Verschmelzung, vielmehr alle den geringsten Grad derselben darbieten. Höchstens die sogenannte natürliche Septime (4:7) könnte noch um etwas mehr als die anderen verschmelzen." (Stumpf 1890/ 1965 Bd. II S.135).

So entwickelt Stumpf das System „der Verschmelzungsstufen in einer Curve", das er durch folgendes Bild veranschaulicht:

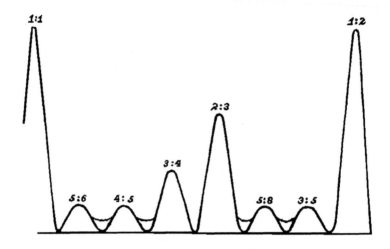

Abb. 1: Die Darstellung „der Verschmelzungsstufen in einer Curve" nach Carl Stumpf. Die Kurve erstreckt sich über eine Oktave. An den Orten der höchsten Verschmelzung sind die Schwingungsverhältnisse des Intervalls angegeben. (Aus Stumpf 1890/1965 Bd. II S.176. Mit freundlicher Genehmigung der S. Hirzel Verlag GmbH & Co. Stuttgart).

Es überrascht nicht, dass die Intervalle der unteren Verschmelzungsstufen, also die mit dem stärksten Verschmelzungsgrad, die konsonantesten Intervalle der Musiktheorie sind, nämlich die so genannten „reinen" Intervalle Oktave, Quinte und Quarte. Der hohe Verschmelzungsgrad von Quinte und Quarte machte diese Intervalle für den Parallelgesang der frühen Mehrstimmigkeit geeignet: im Organum tritt zu der gregorianischen Melodie in der *vox principalis* die in Quinten oder Quarten parallel geführte *vox organalis*. Auf diese Weise wird eine Klangverbreiterung unter Beibehaltung der melodischen Kontur erreicht. (Lemacher/Schroeder 1962 S. 104, Hamburger 1976 S. 13/ 184). Dasselbe Prinzip der Klangverbreiterung durch konsonante Intervalle ist auch die Grundlage für die Aliquotregister der Orgel, die zum Grundregister (meist einem 8') gezogen werden: die hohe Verschmelzung der hinzugefügten Intervalle (in der Regel Quinten, Quarten oder Terzen) wird in erster Linie in einem klangfarblichen Effekt wirksam.

Soll aber die eigenständige Bewegung von mehreren Stimmen hörbar nachvollzogen werden können, so sind – wiederum wegen des hohen Verschmelzungsgrades – Intervalle der unteren Verschmelzungsstufen problematisch bei Parallelbewegungen (Lemacher/Schroeder [6]1970 S. 40). Das ist auch im Sinne der "stream segregation" bei Bregman: „Also, when changes in pitch occur in two parts at the same time, they should not be parallel changes. We should avoid synchronous combinations of notes that have good harmonic relations, such as the octave (frequency ratio 2:1) or the fifth (ratio of 3:2)" (Bregman 1990 S. 681). Als Regeln findet man daher in der klassischen Kontrapunktlehre:

„Aus dem Grundsatz möglicher Selbständigkeit der einzelnen Stimmen wende man im linearen Satz vor allem die Gegenbewegung an.

a) Diesem Prinzip widerspricht eine Führung von mehr als drei parallelen Terzen oder Sexten.

b) Daher ist eine Parallelführung der vollkommenen Konsonanzen: offene Oktaven und Quinten gänzlich ausgeschlossen." (Lemacher- Schroeder [7]1977 S. 19).

Aber gerade wegen des hohen Verschmelzungsgrades eignen sich diese Intervalle für Schlussklänge: „Zu Anfang und Schluß steht der Einklang oder die Oktave, als Oberstimme auch die Quinte, selten die Terz." (Lemacher- Schroeder [7]1977 S.19). Die hier gegebene Reihenfolge Einklang, Oktave, Quinte und Terz gibt, als Rangfolge gelesen, die Stufen der Verschmelzung wieder. Die Verschmelzung der Intervalle des Schlussklangs führt zu einem „Empfindungsganzen", in dem die Mehrstimmigkeit abschließend aufgehoben wird.

1.2.3. Koinzidenz

Für die einzelnen Intervalle gibt Stumpf die idealen Schwingungsverhältnisse zahlenmäßig an und stellt so einen Bezug zu den Koinzidenztheorien der Konsonanz her (vgl. Stumpf 1897 S. 8), denen zufolge aus einfachen, ganzzahligen Schwingungsverhältnissen auf einen hohen Konsonanzgrad zu schließen ist.

Einfaches, ganzzahliges Schwingungsverhältnis bedeutet, dass es möglichst kleine, ganze Zahlen n und m gibt, so dass sich das Schwingungsverhältnis durch den Bruch

$$s = \frac{f_2}{f_1} = \frac{n}{m}$$

ausdrücken lässt. Das ist mathematisch gleichbe-deutend mit der Koinzidenz, bei der das n-fache der Frequenz f_1 des ersten Tones mit dem m-fachen der Frequenz f_2 des zweiten Tones übereinstimmt:

$$n f_1 = m f_2$$
$$\Leftrightarrow \quad n f_1 - m f_2 = 0$$
$$(\text{Gl. 3})$$

Weil die Periode Kehrwert der Frequenz ist, gilt für

$$T_1 = \frac{1}{f_1} \text{ und } T_2 = \frac{1}{f_2}$$

nach (Gl. 3) äquivalent:

$$nT_2 = mT_1$$

$$\Leftrightarrow \quad nT_2 - mT_1 = 0$$

(Gl. 4)

wobei das Schwingungsverhältnis über die Perioden T_i ausgedrückt wird. Koinzidenz ist dann das Zusammentreffen von n- mal der Dauer (bzw. Länge der Periode) T_1 mit m- mal der Dauer (bzw. Länge der Periode) T_2 (vgl. 3.1.1.1 u. 3.1.1.3).

So kann z. B. die Bestimmung der gemeinsamen Schwingungsknoten zweier Töne, die seit der Antike am Monochord studiert wurden, durch die (Gl. 4) beschrieben werden. Seit Isaac Beeckmann (1614, vgl. Hesse 1995/96) hatte man erkannt, dass hörbare Töne mit Schwingungen der Luft verbunden sind. Das Zusammentreffen von „Pulsen" in der Luftschwingung (vgl. „*collision* ou *battement d'air*" bei Mersenne 1636 S. 3, „battimenti" bei Galileo Galilei 1638, „intervallis pulsuum" und „pulsus" oder „ictus" bei Euler 1739 S. 35f §15 f) wurde Erklärungsgrundlage der Konsonanz (vgl. Hesse 1995/96). Auch diese Überlegungen werden rechnerisch durch (Gl. 4) beschrieben. Aber auch Terhardts Begriff der Harmonie und der Algorithmus der Grundtonanalyse zur Bestimmung der „virtuellen Grundtöne" beruht auf der Lösung von (Gl. 4) (Terhardt 1976/77 S.133).

Die Gleichungen (Gl. 3) und (Gl. 4) sind äquivalent und haben deshalb dieselben, ganzzahligen Lösungspaare $(n;m)$ (vgl. 3.1.1.1 u. 3.1.1.3). Für die Ausgangsfrequenzen f_1 und f_2 geben $(n;m)$ als Lösungen der (Gl. 3) die Frequenzen der gemeinsamen, harmonischen Obertöne an, als Lösungspaar der (Gl. 4) die Perioden, die gemeinsame Vielfache der Ausgangsperioden T_1 und T_2 sind. Also beschreibt (Gl. 3) im Frequenzbereich die Frage nach gemein-samen Obertönen der Ausgangsfrequenzen f_1 und f_2, während (Gl. 4) – im Zeitbereich formuliert über die Perioden – danach fragt, zu welchen Tönen die Töne der Frequenzen f_1 und f_2 Obertöne sind, bestimmt also die gemeinsamen Subharmonischen zu f_1 und f_2.

In der Realität kann man bei Intervallen immer von (wenngleich manchmal auch sehr komplizierten) ganzzahligen Schwingungsverhältnissen ausgehen; f_1

und f_2 bzw. T_1 und T_2 sind dann (eventuell nach entsprechender Wahl der Einheiten) ganze Zahlen.

Von musiktheoretischer Bedeutung ist die Bestimmung des größten gemeinsamen Teilers *(ggT)* und des kleinsten gemeinsamen Vielfachen *(kgV)* von f_1 und f_2 bzw. T_1 und T_2:

$$f_0 := ggT(f_1, f_2) \text{ und } f_k := kgV(f_1, f_2).$$
$$(\text{Gl. 5})$$

f_0 ist der gemeinsame Grundton („fundamental"); f_k ist der erste gemeinsame Oberton.

Für die entsprechenden Perioden gilt (vgl. 3.1.1.3):

$$T_0 := \frac{1}{f_0} = kgV(T_1, T_2) \quad \text{und} \quad T_k := \frac{1}{f_k} = ggT(T_1, T_2).$$
$$(\text{Gl. 6})$$

Stehen f_1 und f_2 im ganzzahligen Schwingungsverhältnis s, so lassen sich f_1 und f_2 durch f_0 teilen und man erhält

$$s = \frac{f_2}{f_1} = \frac{p\,f_0}{q\,f_0} = \frac{p}{q}.$$

Dabei sind die ganzen Zahlen p und q teilerfremd. Damit ist mit (Gl. 2)

$$f_2 = \frac{p}{q}\,f_1 \text{ und } T_2 = \frac{q}{p}\,T_1.$$

Die gemeinsamen Lösungen der (Gl. 3) und (Gl. 4) sind dann die Paare $(n, m) = (k\,p,\, k\,q)$ wobei k ganzzahlig ist (vgl. 3.1.1.1 und (M-Gl. 6)). Die Zahlen p und q sind die Faktoren des Schwingungsverhältnisses, die Zahlen n und m sind die Vielfachen der Ausgangsfrequenzen bzw. Ausgangsperioden, die dann koinzidieren. Also haben f_1 und f_2 (nach (Gl. 3)) die gemeinsamen oder koinzidierenden Obertöne:

$$v_k := kp\,f_1 = kq\,f_2 \quad \text{mit} \quad k \geq 1.$$
$$(\text{Gl. 7})$$

Die koinzidierenden Perioden von T_1 und T_2 sind folglich (nach (Gl. 4)):

$$\tau_k := kq\,T_1 = kp\,T_2\,.$$
(Gl. 8)

Mit $k = 1$ erhält man die Periode des gemeinsamen Grundtons („fundamental") f_0 der beiden Primärtöne mit den Frequenzen f_1 und f_2 bzw. den Perioden T_1 und T_2:

$$\tau_1 = T_0 = q\,T_1 = p\,T_2 \quad \text{und} \quad f_0 = \frac{1}{T_0}\,.$$
(Gl. 9)

1.2.3.1. Beispiel für die Koinzidenzberechnung

Am Beispiel des Schwingungsverhältnisses für die große Terz sei diese Überlegung anschaulich gemacht (vgl. auch 3.1.3.5). Steht der Ton mit der Frequenz f_1 zum Ton mit der Frequenz f_2 im Verhältnis einer großen Terz, so ist:

$$f_2 = \frac{5}{4}\,f_1,$$
(Gl. 10)

oder äquivalent über die Perioden $T_1 = f_1^{-1}$ und $T_2 = f_2^{-1}$ ausgedrückt:

$$T_2 = \frac{4}{5}\,T_1\,.$$
(Gl. 11)

Die Gleichungen $n\,f_1 = m\,f_2$ (Gl. 3) und $n\,T_2 = m\,T_1$ (Gl. 4) haben dann gemeinsam die Löungen $(n;m) = (k\,5;\,k\,4)$. Die gemeinsamen Obertöne haben dann nach (Gl. 7) die Frequenzen:

$$\nu_k = 5k\,f_1 = 4k\,f_2 = k\,\nu_0\,.$$
(Gl. 12)

Dabei ist $\nu_0 = 5f_1 = 4f_2$ der erste gemeinsame Oberton. Die Perioden der gemeinsamen Subharmonischen sind nach (Gl. 8):

$$\tau_k = 4k\,T_1 = 5k\,T_2 = k\,T_0.$$
(Gl. 13)

Damit sind für die große Terz alle koinzidierenden Obertöne und koinzidierenden Perioden (Subharmonischen) bestimmt.. Für $k=1$ erhält man zudem den gemeinsamen Grundton f_0 („fundamental"), dem $T_0 = 4T_1 = 5T_2$ als kürzeste gemeinsame Periode entspricht:

$$f_0 = \frac{1}{\tau_1} = \frac{1}{5T_2} = \frac{1}{4T_1} = \frac{1}{T_0} \Leftrightarrow f_0 = \frac{1}{5}f_2 = \frac{1}{4}f_1.$$
(Gl. 14)

Ist z. B. der Ton a' mit $f_1 = 440\,\text{Hz}$ gegeben, dann hat seine reine, große Terz cis'' die Frequenz

$$f_2 = \frac{5}{4}f_1 = 550\,\text{Hz}.$$

Die gemeinsamen, koinzidierenden Obertöne haben dann nach Gleichung (Gl. 12) die Frequenzen

$$\nu_k = 5k\,440\,\text{Hz} = 4k\,550\,\text{Hz} = k\,2200\,\text{Hz}.$$

Also erhält man die koinzidierenden Obertöne mit den Frequenzen

$$\nu_1 = 2200\,\text{Hz}$$
$$\nu_2 = 4400\,\text{Hz}$$
$$\nu_3 = 6600\,\text{Hz}$$
etc.

Die gemeinsamen Subharmonischen haben nach (Gl. 13) die Perioden (s steht für Sekunden):

$$T_k = 4k\,\frac{1}{440}\,\text{s} = 5k\,\frac{1}{550}\,\text{s} = \frac{k}{110}\,\text{s} = k\,T_0.$$

Der Grundton („fundamental") ist durch die Periode

$$T_0 = \frac{1}{110}\,\text{s} = 9{,}091\,\text{ms}$$

gegeben und entspricht darum der Frequenz $f_0 = 110\,\text{Hz} = ggT(440,550)\,\text{Hz}$. f_0 ist der erste Subharmonische von f_1 und f_2. Die koinzidierenden Subharmonischen sind dann:

$$F_1 = f_0 = 110\,\text{Hz mit der Periode } \tau_1 = 1T_0 = \frac{1}{110}s = 9{,}091\,\text{ms}$$

$$F_2 = \frac{f_0}{2} = 55\,\text{Hz mit } \tau_2 = 2T_0 = \frac{2}{110}s = 18{,}182\,\text{ms}$$

$$F_3 = \frac{f_0}{3} = 36{,}667\,\text{Hz mit } \tau_3 = 3T_0 = \frac{3}{110}s = 27{,}273\,\text{ms}.$$

etc.

Die Strichdiagramme in Abb. 2 und Abb. 3 verdeutlichen die Rechenergebnisse, sowohl für die Obertonfrequenzen, als auch für die Perioden der Subharmonischen.

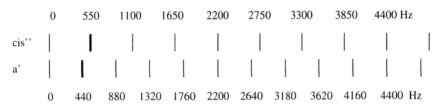

Abb. 2: Koinzidierende Obertöne bei dem Intervall der großen Terz. Die Primärtöne sind mit fetten Balken bei den Frequenzen 440 Hz für das a' (unten) und 550 Hz für das cis'' (oben) eingezeichnet. Koinzidierende Obertöne finden sich bei den Frequenzen 2200 Hz und 4400 Hz.

| | 0 | 2,273 | 4,545 | 6,818 | 9,091 | 11,364 | 13,636 | 15,909 | 18,182 ms |

a' | | | | | | | | | | |

cis'' | | | | | | | | | | |

0 1,818 3,636 5,455 7,273 9,091 10,909 12,727 14,545 16,364 18,182 ms

Abb. 3: Koinzidierende Perioden der Subharmonischen für das Intervall der großen Terz. Die Perioden der Primärtöne mit den Dauern 2,273 ms für das a' (oben) und 1,181 ms für cis'' (unten) sind fett eingezeichnet. Jede vierte Periode des Tones a' koinzidiert mit jeder fünften Periode des Tones cis''. Koinzidenzpunkte liegen im Bild bei 9,091 ms und 18,182 ms.

Deutlich erkennt man in Abb. 2 die ersten beiden Koinzidenzen bei den Frequenzen von 2200 Hz und 4400 Hz und in Abb. 3 bei den Perioden der Dauer

9,091 ms, entsprechend einer Frequenz von 110 Hz (großes A), und der Dauer 18,182 ms, entsprechend einer Frequenz von 55 Hz (Kontra- A). Abgesehen von der Beschriftung sind beide Bilder identisch. Daran wird deutlich, dass die Gleichungen (Gl. 3) und (Gl. 4) äquivalent sind und dieselben Lösungen liefern. Ob sich Koinzidenzbetrachtungen auf Frequenzen oder Perioden beziehen, ist mathematisch unerheblich; die zu verwendenden Gleichungen sich äquivalent und ihre Ergebnisse sind dieselben (vgl. 3.1.1.3).

Mit Hilfe ähnlicher Diagramme meist aus Punktreihen wurden und werden Überlegungen zur Koinzidenz von Intervalltönen durchgeführt. So finden sich erste entsprechende Darstellungen etwa bei Euler (1739, Abb. 4), aber auch in neuerer Zeit werden solche Diagramme zur Verdeutlichung von Schwingungsverhältnissen herangezogen (Hesse 1972/ 2003a/b, Terhardt 1976/1977).

Dem entspricht rechnerisch die Untersuchung der Koinzidenzgleichung: die koinzidierenden Punkte bzw. Striche markieren die Lösungen der Gleichung (Gl. 3) (vgl. 3.1.1.1).

Aus den Berechnungen zur Koinzidenz ist als Grundlage der Konsonanz die zahlenspekulative Regel abgeleitet worden:
Je kleiner die Zahlen p und q im Schwingungsverhältnis s sind, umso größer ist der Koinzidenzgrad, und um so „besser" ist die Konsonanz.

Nach einem, Georg Wilhelm Leibniz zugeschriebenen Wort vermittelt die „unbewusst zählende Seele" die Empfindung der Konsonanz. Den Konsonanzgrad („gradus suavitatis") berechnete Leonard Euler mit seiner Gradus- Funktion (Euler 1739 S. 37 – 43 Tabelle §31), die zur Berechnung eine Ableitung der Töne in der reinen Stimmung (aus Oktave, Quinte und Terz) voraussetzt (Mazzola 1990 S. 56).

Dass aber leichte Verstimmungen von den ganzzahligen Schwingungsverhältnissen durchaus erträglich sind (falls sie überhaupt wahrnehmbar werden), wurde bereits von Pietro Mengoli (1670) erkannt und diskutiert (Fricke 1973). Darüber hinaus zeigt die Musikpraxis auch noch eine allgemeine Streuung der Intonation, eine Klangbreite der Realisation, die nicht störend ist, weil sie zurechtgehört werden kann (Fricke, 1968/ 1988). Lindley (1993) zeigt, dass die planvollen Abweichungen von mathematisch idealen Schwingungsverhältnissen sogar Auswirkungen auf den Charakter der Komposition hatten und so indirekt den Ausdrucksgehalt beeinflussten („wohltemperiert"). Die Frage, warum (leichte) Verstimmungen der Intervalle, d. h. kleine Verschiebungen aus den exakten ganzzahligen Schwingungsverhältnissen das Konsonanzempfinden nicht beeinträchtigen, obwohl sie zu komplizierten Brüchen führen, ist nicht aus der mathematischen Idealisierung zu erklären. (Weitere Kritikpunkte: Wellek 1958 u. Winckel 1958).

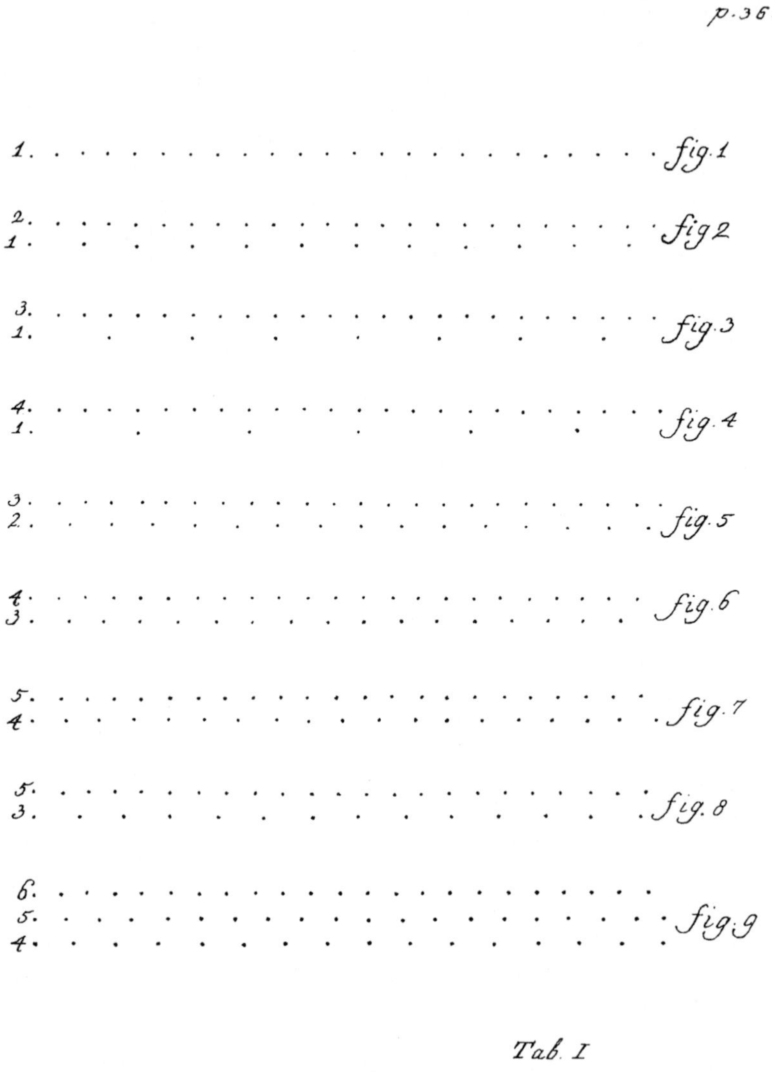

Abb. 4: Mit Paaren von Punktreihen stellt Euler verschiedene Schwingungsverhältnisse, vom Einklang in der *fig. 1* über die Schwingungsverhältnisse 1:2 (*fig.2*), 3:1 (*fig. 3*), 4:1 (*fig. 4*), 3:2 (*fig. 5*), 4:3 (*fig. 6*),5:4 (*fig. 7*), 5:3 (*fig. 8*) bis zum Durdreiklang 6:5:4 (*fig. 9*) dar. Für jedes Schwingungsverhältnis findet man in der Zeichnung die koinzidierenden Punkte (Euler 1739 zwischen S. 36 u.S. 37).

1.2.4. Die Mikrorhythmus – Theorie von Lipps

Theodor Lipps hat Stumpfs Begriff der Tonverschmelzung mit dem Konzept der Koinzidenz in Verbindung gebracht. Er geht davon aus, dass sich die Übereinstimmung d. h. Koinzidenz zweier Schwingungen mit einfachem, ganzzahligem Schwingungsverhältnis physiologisch widerspiegelt. „In den physiologischen Organen geschieht doch etwas, wenn die physikalischen Schwingungen auf sie wirken. Jedes physische Geschehen aber ist, falls es nicht in einer gleichmäßigen räumlichen Fortbewegung besteht, nothwendig ein Wechsel von Zuständen, es hat seinen regelmäßigen ‚Rhythmus'" (Lipps 1899 S. 28). Dieser Rhythmus zeigt sich dann aber auch in den „psychischen Vorgängen": „...es ist die einfachste Annahme ... , daß der Rhythmus dieser psychischen Vorgänge dem Rhythmus der physikalischen Schwingungen analog bleibt, so weit zum mindesten, dass das Verhältnis der psychischen Rhythmen in Vergleich gestellt werden kann. ... Wir können annehmen, ... daß auch zwei Folgen solcher psychischen Phasen oder Theilvorgänge hinsichtlich ihres Rhythmus in analoger Weise sich zu einander verhalten oder sich in einander einordnen, wie die entsprechenden Folgen physikalischer Theilvorgänge, d. h. physikalischer Wellen." (Lipps 1899 S. 29).

Dadurch überträgt Lipps die Koinzidenztheorie der Schwingungen auf die psychische Ebene: „Und wir wollen im Folgenden der Einfachheit des Ausdrucks und der Erhöhung der Anschaulichkeit wegen die Analogie zur Gleichheit steigern; also die Verhältnisse der Schwingungen auf die psychischen Theilvorgänge unmittelbar übertragen." (Lipps 1899 S. 31). Damit wird die Idee der Koinzidenztheorie, das Verhältnis verschiedener rhythmischer Muster zu untersuchen, neu belebt und kann mit den Ergebnissen der Neurologie zur Schallverarbeitung im auditorischen System in Bezug gebracht werden.

Lipps Idee folgend hat sich die Mikrorhythmen- Theorie der Untersuchung von Impulsketten gewidmet. Sie „geht davon aus, dass die Periodizität des Schalls in der Nervenaktion erhalten bleibt." (Hesse 2003a S. 138). Die Analyse der Impulsketten in einem Autokorrelator wird postuliert: „Wenn die Impulsketten aller erregten Nervenzellen in der nächsten Station der Hörbahn aufeinander bezogen werden, so heben sich diejenigen Nervenfasern aus der Gesamtheit heraus, bei denen die Impulse in regelmäßigen Zeitintervallen gleichzeitig eintreffen. ... Die Auswertung eines derartigen, hier vom Prinzip her angedeuteten Musters wird als Zeitreihen- Korrelationsanalyse bezeichnet." (Hesse 2003a S. 144). Die Mikrorhythmen- Theorie stimmt mit den Prämissen überein, die die Konstruktion der allgemeinen Koinzidenzfunktion (vgl. 2.4) begründen.

1.2.5. Störungen

Neben der mehr oder weniger starken Empfindung der Einheitlichkeit in der Verschmelzung zweier Töne zu einem Intervall, verursachen zwei Töne auch eine Reihe von Wechselwirkungen, die zum Teil als Störungen des Zusammenklangs empfunden werden. So hat das Empfinden der Rauhigkeit Hermann von Helmholtz ([6]1913/ 1983) zur Entwicklung der Störtheorie der Konsonanz geführt (vgl. „sensorische Konsonanz" bei Terhardt 1976/ 77). Die wichtigsten Wechselwirkungen sind:

1. **Maskierungen**, sowie
2. **nichtlineare Verzerrungen**, die als die wesentliche Quelle für Kombinationstöne angesehen werden, und
3. **Schwebungen**.

Alle drei Erscheinungen stehen mit der Frequenzgruppe (auch: Kopplungsbreite, kritische Frequenzbandbreite, critical bandwith) in unmittelbarem Zusammenhang (zusammenfassend: Hall 1997 S. 391 – 397).

1.2.5.1. Maskierungen

Maskierung oder Verdeckung bezeichnet das Phänomen, dass ein akustischer Reiz durch einen anderen akustischen Reiz in seiner Empfindungsstärke herabgesetzt wird, was bis zur Nichtwahrnehmbarkeit eines Reizes durch vollständige Verdeckung führen kann. „If the masker is increased steadily, there is a continuous transition between an audible (unmasked) test tone and one that is totally masked. This means that besides total masking, partial masking also occurs. Partial masking reduces the loudness of a test tone but does not mask the test tone completely" (Zwicker/Fastl, 1999, S. 61).

Auch die Töne eines Intervalls können sich gegenseitig maskieren. Als (vereinfachende) Regeln können genannt werden:

- ein starker (lauter) Ton maskiert einen schwachen Ton,
- der tiefere Ton verdeckt den höheren leichter als umgekehrt („Aufwärtsmaskieren"),
- je dichter die Töne beieinander liegen, umso größer ist der Verdeckungseffekt. (vgl. Hall 1997 S. 398/399, bereits Stumpf 1890 2. Bd. S. 228).

Durch Verdeckung kann beim Intervallhören zwar ein Ton fast unhörbar werden, aber die Ganzheitsbildung, die im Sinne einer einheitlichen Empfindung wirkt, ist dann ebenfalls gestört. Dadurch geht der spezifische Intervallcharakter teilweise oder bei vollkommener Verdeckung vollständig verloren, so dass der Konsonanzgrad eines Intervalls prinzipiell nicht durch Maskierung erklärt werden kann.

1.2.5.2. Nichtlineare Verzerrungen

Einige Konsonanztheorien bauen auf der Erscheinung der Differenztöne auf (Hindemith 1940, Husmann 1952 u. 1953, Krüger 1903). Differenztöne sind das Produkt nichtlinearer, akustischer Übertragungssysteme (vgl. Küpfmüller [4]1974 S. 42/ 192ff, Skurdrzyk 1954 S. 920). Nichtlineare Übertragungssysteme sind gekennzeichnet durch nichtlineare, stetige Übertragungsfunktionen, die sich im Allgemeinen durch Polynomfunktionen beschreiben oder annähern lassen

(Weiherstraßscher Approximationssatz, vgl. Mangoldt/ Knopp 1958 Bd. 2 S. 60 ff und Bd. 3 S. 539).

1.2.5.2.1. Herleitung der Kombinationstöne

Wendet man eine solche Polynomfunktion vom Grad n:

$$p(x) = a_0 x^0 + a_1 x^1 + \ldots + a_n x^n$$
(Gl. 15)

auf ein aus zwei Sinustönen (hier zur Vereinfachung ohne Phasendifferenz) bestehendes Signal

$$x(t) = A \sin(2\pi f_1 t) + B \sin(2\pi f_2 t)$$
(Gl. 16)

an, so enthält man:

$$p(x(t)) = \sum_{k=0}^{n} a_k (x(t))^k = \sum_{k=0}^{n} a_k (A\sin(2\pi f_1 t) + B\sin(2\pi f_2 t))^k .$$
(Gl. 17)

Formt man diesen Ausdruck um, so besteht jeder Summand

$$a_k (A\sin(2\pi f_1 t) + B\sin(2\pi f_2 t))^k$$
(Gl. 18)

aufgrund der trigonometrischen Additions- und Multiplikationssätze aus Summanden der Form:

$$C\cos(2\pi(\pm m_1 f_1 \pm m_2 f_2))$$
(Gl. 19)

wobei C eine Konstante ist, und für $m_i \in \{0,1,\ldots,n\}$ noch zusätzlich gilt:

1. $m_1 + m_2 \leq k$
2. $m_1 + m_2$ ist gerade, wenn k gerade ist und ungerade, wenn k ungerade ist (vgl. Hartmann, [4]2000, S. 508).

Es werden also Töne mit Frequenzen $m_i f_1 \pm m_j f_2$ erzeugt, die Kombinationstöne heißen und nicht im ursprünglichen Signal enthalten sind.

Auch das Gehör ist ein nichtlineares Übertragungssystem, in dem Kombinationstöne entstehen. Da diese Töne nicht im Signal enthalten sind, sondern das

Produkt der „Nichtlinearen Verzerrung des Gehörs" (Zwicker/ Feldtkeller 1967 S.218) sind, nennt man sie subjektive Kombinationstöne. Sie sind unterschiedlich gut hörbar.

1.2.5.2.2. Hörbarkeit der Kombinationstöne

Für das menschliche Gehör deutlich wahrnehmbar sind die Differenztöne $f_2 - f_1$, bzw. $f_1 - f_2$, (nach Helmholtz [6]1913/ 1983 S. 254 auch der Summationston $f_2 + f_1$) und die „kubischen" Differenztöne $2f_2 - f_1$ und $2f_2 - f_1$, sowie $3f_1 - 2f_2$ (vgl. Goldstein 1967 S. 686, Zwicker/ Fastl 1999 S.277 ff, Yost 2000 S.58/ 61/ 203/ 271). Zusätzlich werden die Primärtöne noch verdoppelt.

Allerdings werden Kombinationstöne leicht durch komplexe Klänge verdeckt: die folgende Grafik Abb. 5 zeigt die Hörschwelle, die durch ein Cluster aus fünf Tönen gleichen Abstands mit Frequenzen zwischen 1,8 kHz und 2 kHz erzeugt wird. Sei der Grad der Nichtlinearität mit n bezeichnet. Die sich bildenden ungeraden Kombinationstöne sind durch Punkte $(n = 3)$, Kreise $(n = 5)$, Dreiecke $(n = 7)$ und Quadrate $(n = 9)$ eingezeichnet. Fast alle Kombinationstöne fallen unter die Hörschwellenkurve und sind verdeckt. Bei den nicht verdeckten ist die empfundene Lautstärke, ablesbar aus dem Abstand zur Hörschwellenkurve, sehr gering. Leicht würden diese schwach hörbaren Kombinationstöne durch tiefere Töne verdeckt (Zwicker/ Fastl 1999 S.73, vgl. Abb. 5).

Zudem wird der wichtigste, einfache Differenzton $f_2 - f_1$ nur bei hohem Stimuluslevel hörbar (J. L. Goldstein 1967 S. 684). Zwar lassen sich bei reinen Tönen in Abhängigkeit von der Frequenz und Lautstärke schon Verzerrungen mit geringen Klirrfaktoren (1% bei ca. 40 dB und 1 kHz) messen (Feldtkeller 1952 S. 121). Diesen Laborsituationen stehen jedoch die Bedingungen der Musikpraxis gegenüber, in der die normalen Stimulusschwankungen die Differenztöne undeutlich oder sogar nicht mehr wahrnehmbar machen: „Werden die Sinustöne durch Geigentöne ersetzt, die gleichmäßig ohne Vibrato gespielt werden, so sind die Differenztöne nur noch schwer erkennbar. Sie verschwinden völlig, wenn jeder der beiden Geigentöne mit Vibrato gespielt wird. Das gleiche gilt für die chorische Ausführung. Durch die statistischen Schwankungen der quasistationären Vorgänge werden die Differenztöne gleichsam aufgelöst. Unregelmäßige Frequenz- und Phasenänderungen in schnellem Wechsel, die Kennzeichen quasistationärer Klangerzeugung sind, insbesondere rhythmische durch Vibrato hervorgebrachte Frequenzänderungen, rufen Positionsschwankungen der Differenztöne hervor, die bei tief liegenden Differenztönen durch den Lupeneffekt der logarithmischen Frequenzwahrnehmung noch vergrößert werden. Sie verhindern die Tonwahrnehmung der Differenztöne, wandeln den Ton in ein Geräusch um, das wahrnehmungsmäßig als dem Intervall zugehörig betrachtet wird." (Fricke 1980 S. 165).

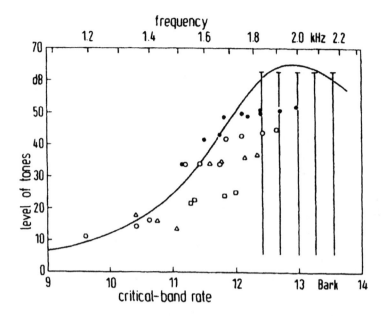

Abb. 5: Die durchgezogene Kurve zeigt die durch fünf Töne um 2 kHz erzeugte Verdeckungsschwelle. Die Symbole zeigen die ungeraden Kombinationstöne der Grades n ($n = 3$: Punkte; $n = 5$: Kreise; $n = 7$: Dreiecke; $n = 9$: Quadrate), abgetragen gegen die Lautstärke (aus Zwicker/Fastl 1999 S. 73. Mit freundlicher Genehmigung der Springer-Verlag GmbH Heidelberg).

Auch Plomps Untersuchungen zur Hörbarkeit von Kombinationstönen zeigen, dass diese nicht Grundlage einer Konsonanztheorie sein können: „All mean detectability thresholds found exceeded 40 dB, corresponding to a nonlinear distortion of below 1%. As 3% - 5% distortion of speech and music can be introduced without being noticed, we may conclude that, for usual listening levels, the ear's distortion is sufficiently low to avoid audible combination tones. This fact makes it rather improbable that combination tones represent a constitutive basis for musical consonance." (Plomp 1965 S. 1123).

1.2.5.2.3. Kombinationstöne und Koinzidenz
In den auf Kombinationstönen basierenden Konsonanztheorien sind die konsonanten Intervalle dadurch ausgezeichnet, dass sich bei ihnen Kombinationstöne bilden, die in einem harmonischen Verhältnis zu den Primärtönen stehen. (vgl. v. Helmholtz [6]1913/ 1983 S. 255f, Husmann 1953 S. 21f, Hindemith 1940 S. 79ff). Damit sind sie aber indirekt Koinzidenztheorien, mit deren Ergebnissen sie auch übereinstimmen.

Sind nämlich mit f_1 und f_2 die Frequenzen der Primärtöne gegeben. Stehen diese im ganzzahligen Schwingungsverhältnis

$$s = \frac{p}{q},$$

dann ist $f_2 = s\,f_1$.

Ist $v_k = (\pm k_1\,f_1 \pm k_2\,f_2)$ die Frequenz eines Kombinationstons (k_1, k_2 natürliche Zahlen), dann ist dieser Ton Oberton der Primärtöne, wenn es natürliche Zahlen n und m gibt, so dass:

$$v_k = n\,f_1 \quad \text{und} \quad v_k = m\,f_2 = m\frac{p}{q}\,f_1.$$

(Gl. 20)

Subtrahiert man beide Gleichungen, so erhält man:

$$n\,f_1 - m\,\frac{p}{q}\,f_1 = 0$$

$$\Leftrightarrow \qquad n\,q - m\,p = 0$$

(Gl. 21)

Diese Gleichung ist aber die Grundgleichung für die Koinzidenz (vgl. 3.1.1.1). Weder die Frequenzen f_1 und f_2 der Primärtöne, noch die Frequenz v_k des Kombinationstones gehen in diese Gleichung zur Bestimmung von n und m ein. Die Lösungen n und m werden also weder von den Frequenzen der Primärtöne, noch von dem Kombinationston bestimmt, sondern ausschließlich durch das Schwingungsverhältnis. Die Lösungen sind also tonhöhenunabhängig und werden nicht durch die Tonhöhendifferenz bestimmt.

Analoges gilt auch, wenn v_k gemeinsamer subharmonischer Ton ist, d. h. die Primärtöne sind Obertöne desselben Grundtons. Dann sucht man nach natürlichen Zahlen n und m, für die gilt:

$$k = \frac{1}{m}\,f_1 \quad \text{und} \quad k = \frac{1}{n}\,f_2 = \frac{1}{n}\frac{p}{q}\,f_1.$$

(Gl. 22)

Die Subtraktion liefert hier die Gleichung:

$$\frac{1}{m} f_1 - \frac{p}{nq} f_1 = 0$$

$$\Leftrightarrow \quad nq - mp = 0$$

(Gl. 23)

Auch diese Gleichung ist die Grundgleichung für die Koinzidenz. Die Lösungen *n* und *m* werden auch hier weder von den Frequenzen der Primärtöne, noch von der Frequenz des Kombinationstons bestimmt, sondern ausschließlich durch das Schwingungsverhältnis. Auch hier sind die Lösungen tonhöhenunabhängig und werden nicht durch die Tonhöhendifferenz bestimmt.

1.2.5.3. Schwebungen und Rauhigkeit

Auf v. Helmholtz geht die Idee zurück, das Phänomen der Dissonanz aus der Rauhigkeit (insbesondere zwischen den Obertönen) der Primärklänge eines Intervalls zu erklären (Helmholtz [6]1913/1989 S. 299ff). Eine Reihe bedeutender Konsonanztheorien schlossen sich dem Modell Helmholtz' an. Plomp & Levelt (1965) verbinden diese Theorie mit dem psychoakustischen Modell der kritischen Bandbreite („critical bandwidth" = Frequenzgruppe oder Kopplungsbreite, vgl. 1.2.4.3.2). Die Tondistanz erlangt in ihren Überlegungen die entscheidende Bedeutung. Terhardt entwickelt aus Helmholtz Überlegungen den Begriff der „sensorischen Konsonanz". Daneben entwirft er einen Algorithmus zur Tonhöhenerkennung, nach dem aus der Verteilung der Obertöne eines Klanges die „virtuelle Tonhöhe" abgeleitet wird (Terhardt 1972). Dieser Algorithmus erklärt den Grundtonbezug von Klängen (Terhardt 1982). Die „sensorische Konsonanz" in Verbindung mit Terhardts Begriff der Harmonie (Tonverwandtschaft, Kompatibilität, Grundtonbezug und Tonalität) bestimmen in dem Modell das Konsonanzempfinden (Terhardt 1976/ 77). Auf diesem Modell bauen Parncutts Überlegungen und Untersuchungen zur Harmonie auf (Parncutt 1989).

Die Rauhigkeit ist eine unangenehme Hörempfindung, die bei Schwebungen höherer Frequenzen unter bestimmten Bedingungen deutlich spürbar wird. Bei den meisten komplexen Signalen hört man eine beständige, langsame Lautstärkenschwankung, die häufig sogar gleichmäßig erfolgt. Solche komplexen Schälle $x(t)$ lassen sich als Produkt schreiben:

$$x(t) = E(t)\, s(t),$$

(Gl. 24)

wobei die Hüllkurvenfunktion $E(t)$ („Envelope") die langsamen Schwankungen in Abhängigkeit von der Zeit beschreibt, und $s(t)$ die Feinstruktur des Signals (vgl. 3.8 Yost 2000 S. 49f). Beliebige Schälle lassen sich so mit einer Hüllkurve modulieren. Dabei kann die Hüllkurve $E(t)$ selber eine periodische Funktion sein. Ihre Frequenz ist die Modulationsfrequenz.

Rauhigkeiten können bei Modulationsfrequenzen zwischen 15 Hz und bis zu 300 Hz empfunden werden. Als Richtwert gibt schon Helmholtz für einfache Töne an, „daß 33 Schwebungen in der Sekunde etwa das Maximum der Rauhigkeit geben" (Helmholtz, [6]1913/1983, S. 316). Wie die Rauhigkeit von der Trägerfrequenz und der Modulationsfrequenz abhängig ist, zeigt Abb. 7 für amplitudenmodulierte Töne.

1.2.5.3.1. Amplitudenmodulation

Ein einfaches Beispiel ist ein amplitudenmodulierter Ton (AM) (vgl. Hartmann, [4]2000 S. 399f) mit der Trägerfrequenz ω_c („Carrier- Frequency", der Begriff stammt aus der Rundfunktechnik) und der Modulationsfrequenz ω_m (Φ ist der Phasenwinkel):

$$x(t) = [1 + m\cos(\omega_m t + \Phi)]\sin(\omega_c t).$$

(Gl. 25)

Die als Lautstärkeschwankungen hörbaren Fluktuationen sind von der niedrigen Frequenz ω_m, die wahrgenommene Tonhöhe entspricht dem Wert ω_c. Die Hüllkurvenfunktion ist hier also:

$$E(t) = 1 + m\cos(\omega_m t + \Phi); (0 \leq m \leq 1).$$

(Gl. 26)

Ist die Modulationsfrequenz sehr klein, so hört man Tonstärkeschwankungen, die bei etwa 4 Hz als am intensivsten empfunden werden. Bei einer Modulationsfrequenz ab etwa 15 Hz entsteht die Empfindung eines unangenehmen, schnellen Pulsierens, das als Rauhigkeit bezeichnet wird. Bei höheren Frequenzen verschwindet die Rauhigkeit langsam und es entsteht allmählich ein zusätzliches Tonhöhenempfinden.

Betrachtet man einen AM im Frequenzbereich, so zeigt sein Spektrum eine Spektrallinie bei der Trägerfrequenz ω_c und ein oberes Seitenband bei der Frequenz $\omega_c + \omega_m$ und ein unteres Seitenband bei der Frequenz $\omega_c - \omega_m$. Bei Erhöhung der Modulationsfrequenz wandern die Seitenbänder nach oben bzw. unten von ω_c weg und verlassen schließlich die gemeinsame Kopplungsbreite, in die sie bei kleiner Modulationsfrequenz alle fallen. Jedes Seitenband und die

Trägerfrequenz haben dann jeweils eine eigene Kopplungsbreite und erzeugen dann auch je ein eigenes Tonhöhenempfinden. Solange noch Bewegungsanteile in eine gemeinsame Kopplungsbreite fallen, entsteht das Rauhigkeits-empfinden.

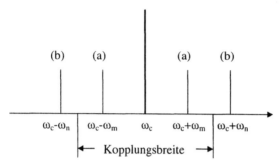

Abb. 6: Spektrum eines AM: Die Abzisse sei die Frequenzachse. Im Falle (a) liegen die Seitenbänder $\omega_c+\omega_m$ und $\omega_c-\omega_m$ in der gemeinsamen Kopplungsbreite und erzeugen Rauhigkeit, im Fall (b) liegen die Seitenbänder $\omega_c+\omega_n$ und $\omega_c-\omega_n$ nicht mehr in einer gemeinsamen Kopplungsbreite und erzeugen keine Rauhigkeit.

Bei modulierten reinen Tönen zeigt es sich, dass die Rauhigkeit linear vom Modulationsgrad abhängt, der durch m in den Gleichungen (Gl. 25) und (Gl. 26) gegeben ist (Zwicker/Fastl, 1999, S. 258).

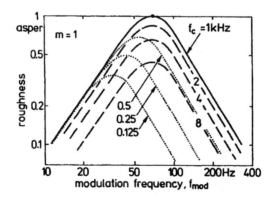

Abb. 7: Rauhigkeit, gemessen in asper, von 100% amplitudenmodulierten Tönen. Der Parameter ist die Trägerfrequenz in kHz, auf der Abzisse ist die Modulationsfrequenz abgetragen, auf der Ordinate die Rauhigkeit (aus Zwicker/Fastl 1999 S. 258. Mit freundlicher Genehmigung der Springer-Verlag GmbH, Heidelberg).

Die Abhängigkeit von der Modulationsfrequenz ω_m zeigt ein anderes Bild: zunächst steigt das Rauhigkeitsempfinden linear mit der Modulationsfrequenz ω_m an, bis dass ein von der Trägerfrequenz abhängiger Maximalwert erreicht wird, um dann wieder linear zu fallen (siehe Abb. 7, Zwicker/Fastl 1999 S. 257f).

1.2.5.3.2. Schwebungen („Beats")

Auch die Schwebungen und Rauhigkeiten komplexer Klänge drücken sich in Hüllkurvenschwankungen aus. Schon zwei reine Töne bilden als Summe einen komplexen Klang $x(t) = \sin(\omega_1 t) + \sin(\omega_2 t + \Phi)$, der eine hörbare Hüllkurve zeigt. Die Fluktuationen dieser Hüllkurve werden als „Beats" bezeichnet (vgl. Hartmann [4]2000 S. 393ff).
Mit den Bezeichnungen

$$\Delta\omega = \omega_2 - \omega_1; \quad \omega_2 > \omega_1; \quad \overline{\omega} = \frac{\omega_1 + \omega_2}{2}$$

(Gl. 27)

ist:

$$x(t) = 2\cos\left(\frac{\Delta\omega}{2} t + \frac{\Phi}{2}\right)\sin\left(\overline{\omega} t + \frac{\Phi}{2}\right).$$

(Gl. 28)

Dann ist $\overline{\omega}$ die Frequenz, die bei gleichstarken Ausgangstönen als Tonhöhe wahrgenommen wird (für den Fall, dass die Ausgangstöne verschieden stark sind, siehe: Hartmann [4]2000 S. 396) und $\Delta\omega$ die Fluktuationsfrequenz der Envelope (vgl. Hartmann [4]2000 S. 394):

$$E(t) = 2\cos\left(\frac{\Delta\omega}{2} t + \frac{\Phi}{2}\right).$$

(Gl. 29)

Der Zusammenhang zwischen Schwebungen und Rauhigkeit kann gut an zwei Tönen demonstriert werden, die vom Einklang aus voneinander weg bewegt werden (vgl. Abb. 8.).
Haben beide Töne dieselbe Frequenz ($\omega_1 = \omega_2$), so hört man nur einen Ton.
Bewegt man einen Ton kontinuierlich höher (oder tiefer), entstehen erst leichte, dann allmählich schnellere Fluktuationen, die schließlich so schnell werden, dass sie die Empfindung der Rauhigkeit verursachen. Bei weiterer Erhöhung des einen Tones nimmt die Rauhigkeit wieder ab, und man hört allmählich zwei ge-

trennte Töne. Dieser Übergangsbereich markiert auch hier, wie bei den AM, die Grenze der Kopplungsbreite (vgl.: 2.4.3.1).

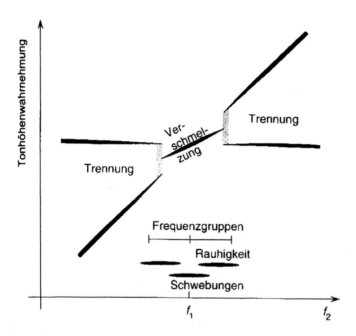

Abb. 8: Liegen die Frequenzen f_1 und f_2 zweier Sinustöne nahe beieinander, so entstehen Schwebungen, die bei größer werdendem Abstand in Rauhigkeiten übergehen. Die empfundene Tonhöhe entspricht dem Mittel ϖ der beiden Frequenzen (wenn die Ausgangstöne gleichlaut sind). Liegt f_2 außerhalb der kritischen Bandbreite, so hört man zwei getrennte Töne (aus: Hall 1997 S.393. Mit freundlicher Genehmigung der Schott Music GmbH & Co. KG, Mainz).

1.2.5.4. Störtheorie und sensorische Dissonanz

Alle drei oben beschriebenen Erscheinungen: Maskierung, Schwebungen und Rauhigkeit, sowie Differenztöne kann man bei zwei gleichzeitig klingenden, reinen Tönen im Maskierungsexperiment beobachten. Die folgende Abbildung zeigt die Hörschwelle eines reinen Testtones, der gegen einen zweiten reinen Ton (1 kHz, 80 dB) als verdeckender Schall präsentiert wird. Man erkennt den Bereich der Maskierung und kann ablesen, wie laut ein reiner Ton einer gewählten Frequenz (Frequenz auf der Abzisse) sein muss, um durch den maskierenden Ton nicht mehr verdeckt zu werden. Im Bereich oberhalb der durchgezogenen (bzw. gestrichelten) Linie hört man beide Töne, unterhalb nur den Maskierer. Ferner gibt es einen Bereich in dem der Testton, der Maskierer und der Differenzton hörbar werden, und einen Bereich, in dem nur der Maskierer und der

Differenzton wahrnehmbar sind. Hinzu kommen Bereiche von Rauhigkeit, die bei der einfachen, doppelten und dreifachen Frequenz des Maskierers liegen. Hier zeigen sich also Fluktuationen im kritischen, Rauhigkeiten verursachenden Frequenzbereich.

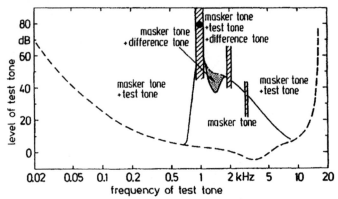

Abb. 9: Verdeckungsschwelle, die durch einen maskierenden Ton (1 KHz, 80 dB) erzeugt wird. Auf der Abzisse ist die Frequenz eines (soeben verdeckten) Testtons abgetragen, auf der Ordinante die entsprechende Stärke in dB. Zusätzlich eingezeichnet sind die Bereiche, in denen Differenztöne und Rauhigkeiten (schraffiert) hörbar werden (aus Zwicker/ Fastl 1999 S.67. Mit Genehmigung der Springer-Verlag GmbH, Heidelberg).

Rauhigkeit spielt offenbar nur eine Rolle, wenn die beiden, den Reiz auslösenden reinen Töne, in dieselbe Frequenzgruppe/ Kopplungsbreite fallen (oder der Testton in den Bereich der ersten beiden harmonischen Ohrobertöne gelangt), aber doch schon so weit auseinander liegen, dass die von der Differenz ihrer Frequenzen bestimmte Hüllkurve Fluktuationen im kritischsten Bereich von 20 bis 100 Hz zeigt.

Bei komplexen Klängen, deren Grundtöne weiter als eine Kopplungsbreite auseinander liegen, können Obertöne jedoch eng genug zusammen liegen, um Rauhigkeit zu verursachen. Das ist der Grundgedanke der Störtheorie, die auf Helmholtz zurückgeht. Helmholtz sieht zwei durch die Obertöne bedingte Faktoren als bestimmend für Konsonanz an: „Wir haben die Konsonanz dadurch charakterisiert, dass irgend welche zwei Partialtöne beider Klänge zusammenfallen. Wenn dies geschieht, können die beiden Klänge zusammen keine langsamen Schwebungen ausführen. Wohl aber ist es möglich, dass gleichzeitig irgendwelche andere zwei Obertöne beider Klänge einander so nahe kommen, dass sie schnelle Schwebungen miteinander hervorbringen. ... Obgleich nun solche Schwebungen teils wegen ihrer Anzahl, teils wegen des gleichzeitigen Erklingens der gleichmäßig danebenhertönenden Grundtöne und übrigen Partialtöne keinen sehr hervortretenden Eindruck machen können, so werden sie doch nicht ganz ohne Einfluss auf den Wohlklang des Intervalls sein." (Helmholtz [6]1913/1983 S. 310).

Die „Güte" einer Konsonanz hängt demnach von der Anzahl der koinzidierenden Obertöne ab, die wiederum von der Einfachheit des Schwingungsverhältnisses bestimmt wird (vgl.: 2.3 u. 3.1.1.1): sind die ganzen Zahlen, die das Schwingungsverhältnis beschreiben, klein, dann ist der Koinzidenzgrad hoch, und viele Obertöne der beiden Primärtöne (die hier komplexe Klänge sind) koinzidieren. Das bewirkt nach Helmholtz ein hohes Maß an Konsonanz. Rückt man die Primärtöne einer „guten" Konsonanz auseinander, so erhält man viele Obertöne die dicht beieinander liegen und nicht (mehr) koinzidieren. Diese erzeugen dann Rauhigkeiten. „In den konsonanten Intervallen dissonieren also diejenigen Obertöne, welche in den benachbarten Intervallen zusammenfallen, und man kann in diesem Sinne sagen, dass jede Konsonanz durch die Nähe der in der Tonleiter benachbarten Konsonanzen gestört wird, und zwar um so mehr gestört wird, je niedriger und stärker die Obertöne sind, welche das störende Intervall durch ihre Koinzidenz charakterisieren, oder was dasselbe sagt, je kleinere Zahlen das Schwingungsverhältnis desselben ausdrückt." (Helmholtz [6]1913/1983, S. 311 f). Das ist in diesem Modell der Grund für die Tatsache, dass jede starke Konsonanz von starken Dissonanzen eingerahmt ist:

„Die Dissonanz von Sekunden, Septimen und dem Tritonus kann auf die Rauhigkeiten der schnellen Schwebungen zurückgeführt werden, die wiederum mit der Nähe zu den Intervallen der Prime, Quinte und Oktave zusammenhängen." (Hall 1997 S. 414).

Demnach beeinflussen in erster Linie die Stärke und Anzahl der Obertöne den Konsonanzcharakter der Intervalle. Das Maß der Konsonanz hängt also davon ab, wie wenig der Zusammenklang durch die Rauhigkeit der beiden Grundtöne (nur bei kleinen Intervallen können Rauhigkeiten zwischen den Grundtönen auftreten) oder ihrer Obertöne gestört ist.

Bei obertonarmen oder reinen Tönen, die weiter als eine Kopplungsbreite auseinander liegen, müsste Rauhigkeit ausbleiben, und diese Intervalle müssten denselben Konsonanzgrad haben. Diesem Widerspruch begegnet die Störtheorie, indem sie auf die Ohrobertöne, die einen Spezialfall der Kombinationstöne (vgl. 2.4.2.1) darstellen, verweist (vgl. z.B. Kameoka/ Kuriyagawa 1969, Plomp und Levelt 1965).

Für den Klang der Violine hat Helmholtz die Obertonschwebungen für alle Intervalle der beiden Oktaven von c' bis c'' berechnet und den Grad der Rauhigkeit über den jeweiligen Intervallen dieser Oktaven mit c' abgetragen.

48

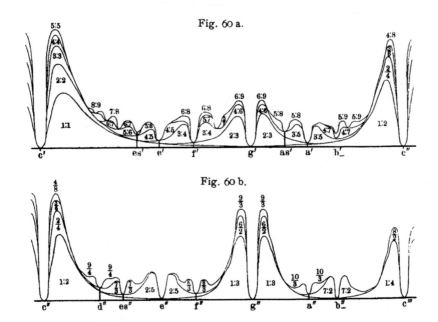

Fig. 60 a.

Fig. 60 b.

Abb. 10: In den Figuren 60a und 60b gibt Helmholtz ([6]1913/1983, S. 318) in Kurven wieder, wie stark die von ihm für den Violinenklang berechneten Rauhigkeiten sein müssen, die bei den Intervallen zwischen dem c' und den Tönen auf der Abzisse entstehen (Mit freundlicher Genehmigung des Georg Olms Verlag, Hildesheim).

Da das Rauhigkeitsempfinden davon abhängt, ob dieselbe Kopplungsbreite von den Tönen angesprochen wird, haben Plomp und Levelt (1965) eine Beziehung zwischen Dissonanz, Frequenzgruppe/ Kopplungsbreite („Critical Bandwidth") und Rauhigkeit hergestellt: „In conclusion, von Helmholtz´s theory, stating, that the degree of dissonance is determined by the roughness of rapid beats, may be maintained. However, a modification has to be made in the sense, that minimal and maximal roughness of intervals are not independent of the mean frequency of the interval. A better hypothesis seems to be that they are related to critical bandwidth, with the rule of thumb that maximal tonal dissonance is produced by intervals subtending 25% of the critical bandwidth, and that maximal tonal consonance is reached for interval widths of 100% of the critical bandwidth." (Plomp/ Levelt 1965 S. 554f).

Plomp und Levelt weisen auf Hörversuche mit Intervallen aus reinen Tönen hin. Weil in diesem Fall die Intervalle mit ganzzahligen, einfachen Schwingungsverhältnissen nicht extrem stark aus der Beurteilungskurve herausstechen, sondern sich nur um 10% bis 20% von der Beurteilung der benachbarten dissonanten Intervalle einer stetigen Kurve hervorheben, verwerfen sie Koinzidenzüberlegungen: „The hypothesis that, anywise frequency ratio is perceived is contradictory to the finding that the simple tone curves … do not have peaks for simple ratios. All evidence in this direction must be due to interval recognition as a result of musical training…" (Plomp/ Levelt 1965 S.552).

Aber auch die Verschmelzungstheorie wird ausgeklammert: „The fact that the rank order of consonant intervals is correlated with their degree of fusion, cannot be considered as a satisfactory explanation.…This does not mean that this relation has no relevance"(Plomp/ Levelt 1965 S. 552).

Da Plomp gezeigt hat, dass eine Konsonanztheorie sich nicht auf dem Phänomen der Kombinationstöne aufbauen lässt (Plomp 1965), bleibt für Plomp/ Levelt nur noch eine auf Rauhigkeitsbetrachtungen basierende Theorie möglich.

Unbeantwortet bleibt dann aber die Frage, warum reine Töne oder obertonarme Töne in Intervallen bei geringer Rauhigkeit dieselbe Intervallempfindung und denselben Intervallcharakter haben, wie das entsprechende Intervall aus obertonreichen Tönen.

Unzutreffend ist auch der Hinweis von Plomp/ Levelt (Plomp/ Levelt 1965 S. 550), Stumpf habe die Verschmelzungstheorie in seiner Arbeit über die Sprachlaute (Stumpf 1926 S. 281) widerrufen. Tatsächlich grenzt er dort den wahrnehmungspsychologischen Begriff der Verschmelzung von der musiktheoretischen Terminologie bezüglich Konsonanz – Dissonanz ab.

Weil der Obertonaufbau bestimmend ist für die Klangfarbe, müsste demnach die Klangfarbe der Töne einen maßgeblichen Einfluss auf die Beurteilung von Intervallen haben. Tatsächlich beeinflusst die Klangfarbe die Wertigkeit von Konsonanzen und bewirkt „hauptsächlich die Verstärkung, Milderung und damit zusammenhängend auch die Durchhörbarkeit von Dissonanzen, sowie die Qualitätsminderung von Konsonanzen." (Voigt 1985 S.207).

Aber Voigt macht deutlich, dass die Dissonanzverschärfung durch Klangfarbe eher auf nicht koinzidierende, unharmonische Obertöne, als auf Rauhigkeiten zurückzuführen ist:

„Da nun in eigenen Hörversuchen von der Mehrzahl der 40 Hörer festgestellt wurde, daß die Rauhigkeit bei einer scharfen Dissonanz ($c' - d'$), welche mit der Oboenklangfarbe des neuartigen elektronischen Blasinstrumentes Variophon realisiert wurde, allein durch das Vibrato deutlich zurückgeht, kann man wohl davon ausgehen, daß bei Dissonanzen, die von chorisch besetzten Streichern gespielt werden, regelmäßige Schwebungen im Sinne der Helmholtzschen Dissonanztheorie gar nicht auftreten können.

Wenn somit die Schwebungsrauhigkeit, die im mittleren Tonbereich ohnehin weniger deutlich ausfällt als im unteren Tonbereich, durch die Fluktuationen und Schwankungen der Einzelklänge von Streichinstrumenten aber auch von Blasinstrumenten und der menschlichen Stimme zu mehr oder weniger sekundärer Bedeutung absinkt, müßten die Beobachtungen der Instrumentationslehren über die größere „Schärfe", „Rauhigkeit" bzw. „Verunklarung" von Dissonanzen bei bestimmten gleichartigen Klangfarben gegenüber bestimmten verschiedenartigen Klangfarben auf andere Art erklärt werden.

In einer neuen Interpretation wird erstmalig vorgeschlagen, die primäre Ursache für die Dissonanzverschärfung bzw. –verunklarung in der, besonders bei schärferen dissonierenden Einzelklängen gegebenen gegenseitigen Verdichtung höherer Teiltöne in Verbindung mit ihrer unharmonischen Lage zu suchen." (Voigt 1985 S. 212).

Eine „unharmonische Lage" der Teiltöne ist aber gleichbedeutend damit, dass diese Teiltöne nicht koinzidieren.

1.3. Neuronale Koinzidenz

1.3.1. Koinzidenz – eine Gleichung, viele Theorien

Es gibt verschiedene Spielarten der Koinzidenztheorie, die sich nur in den Objekten unterscheiden, die zur Koinzidenz gebracht werden, nicht aber in der zu Grunde liegenden Logik. So werden die Längen von Saiten zwischen Schwingungsknoten, Obertöne oder Subharmonische Töne zweier Primärtöne, Pulse der Luftschwingung, psychischer Rhythmus u.s.w. auf Gemeinsamkeiten hin überprüft, indem man Orte des Zusammentreffens sucht (vgl. 1.2.3). Das mathematische Verfahren ist in allen diesen Fällen das gleiche:

Für zwei Quantitäten a_1 und a_2 sucht man die Stelle, wo ihre Vielfachen zusammenfallen, d. h. man sucht ganze Zahlen n und m, die die Gleichung $n a_1 = m a_2$ erfüllen, was gleichbedeutend mit dem Lösen der diophantischen Gleichung $n a_1 - m a_2 = 0$, also der Koinzidenzgleichung (M-Gl. 1) ist (vgl.: 3.1.1.1).

Weil sich dieses Rechenverfahren auf die Menge der ganzen Zahlen bezieht, können keine Toleranzbereiche (in Form von Umgebungen) oder Wahrscheinlichkeitsverteilungen berücksichtigt werden. Deshalb sind Konsonanztheorien, die auf diese diskrete mathematische Koinzidenz aufbauen, rigide gegenüber leichten Abweichungen von den idealen Schwingungsverhältnissen und entsprechen nicht den Bedingungen der menschlichen Wahrnehmung, die mit mehr oder weniger großen Unschärfen/ Toleranzbereichen versehen ist.

Für die Konsonanzempfindung von Intervallen scheint andererseits der Satz, dass einfache Schwingungsverhältnisse ein hohes Maß an Konsonanz bedeuten, als Faustregel zutreffend zu sein: leichte Abweichungen von idealen Zahlenwerten bringen die Theorie jedoch streng genommen zum Zusammenbruch, weshalb Koinzidenztheorien auch immer wieder abgelehnt wurden (vgl. 1.2.3).

Außerdem ist unklar, wie verglichen werden soll (Frequenzbereich- Zeitbereich: am Signal oder peripher) und was zur Koinzdenz gebracht werden soll. Unklar ist auch, warum das Empfinden von Konsonanz und Dissonanz ausgerechnet von der dort beobachteten Koindenz bestimmt werden soll.

1.3.2. Verzögerung und Koinzidenz als Konjunktion

In der Neurobiologie hat sich gezeigt, dass Koinzidenz zu den Grundprinzipien neuronaler Vernetzung gehört. Insbesondere beruhen im auditorischen System das Richtungshören nach dem Modell von Jeffress (Jeffress 1948) und die Periodizitätsdetektion zur Tonhöhenwahrnehmung nach dem Modell von Licklider (Licklider 1951, vgl. 1.3.3 und 1.3.4) auf der Funktion von Koinzidenzneuronen.1.3.2. Verzögerungen und Koinzidenz im „Und" - Gatter

Man geht davon aus, dass Schall nach der peripheren Analyse und Zerlegung in einzelne Frequenzkomponenten neuronal tonotop, d. h. in frequenzspezifischen Kanälen weiterverarbeitet wird. In seiner „Duplex Theorie of Pitch Perception" (Licklider 1951) postulierte Licklider für die Verarbeitung einen neuronalen Analysemechanismus, der neben der Frequenzanalyse noch eine Autokorrela-tionsanalyse durchführt. „The essence of the duplex theory of pitch perception is that the auditory system employs both frequency analysis and autocorrelation analysis." (Licklider 1951 S. 128). Die Autokorrelationsanalyse findet im Zeitbereich statt und ermittelt die enthaltenen Perioden statt der Frequenzen (vgl. 1.4.1/ 1.4.4 und 3.3.2). Sie beruht auf dem Vergleich des Signals mit verzögerten Kopien desselben Signals. Dazu muss das Signal in zwei Kanälen parallel, aber unterschiedlich schnell übertragen werden.

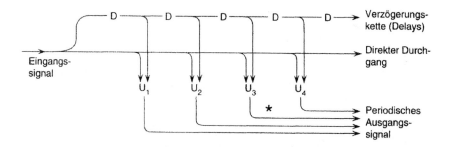

Abb. 11: Das neuronale Autokorrelationsmodell von Licklider. Das Eingangssignal wird in zwei Kanälen verarbeitet, von denen der eine Kanal das Signal über Verzögerungselemente D stufenweise zeitverzögert an Koinzidenzelemente U_i weiterleitet. Zugleich werden die Koinzidenzelemente über den anderen Kanal direkt von dem unverzögerten Eingangssignal angesteuert. Nach Art eines „Und"- Gatters prüfen die Koinzidenzelemente auf Übereinstimmung der Signale an ihren beiden Eingängen (aus: Hall 2000 S. 385. Mit Genehmigung der Schott Music GmbH & Co. KG, Mainz, vgl. Licklider 1951, S. 129).

Laufzeitdifferenzen zwischen zwei Kanälen entstehen durch neuronale Verzögerungen in einem Kanal. Diese Verzögerung kann z. B. durch einen längeren Weg in dem einen Kanal hervorgerufen werden, oder in einem Kanal wird das

Feuern von Neuronen durch neuronale Hemmung geblockt, wie in dem Modell von Langner/Schreiner (1988) (vgl. 3.3).

Zum Vergleich des ursprünglichen Signals mit dem verzögerten Signal werden die beiden Signale in einem Koinzidenzneuron zusammengeführt. Dazu muss man sich zwei Eigenschaften der neuronalen Koinzidenz klar machen: das einzelne Neuron hat nur zwei Möglichkeiten, entweder es feuert, oder es feuert nicht. Wird es von zwei anderen Neuronen angesteuert, so feuert es nur, wenn es von beiden Neuronen zugleich einen Impuls erhält. Bekommt es nur von einem der beiden Neuronen einen Impuls oder wird es gar nicht angeregt, so feuert es nicht. Dieses Verhalten entspricht mathematisch einer Boolschen „Und"- Verknüpfung (Konjunktion). In der Terminologie binärer Signalverarbeitung handelt es sich um ein „Und"- Gatter, das durch folgende Verknüpfungstafel beschrieben ist (es seien A und B die Eingänge und $A \wedge B$ der Ausgang des „Und"-Gatters):

A	B	$A \wedge B$
0	0	0
0	1	0
1	0	0
1	1	1

Tabelle 1: Das Verhalten eines „Und" – Gatters wird durch die Verknüpfungstafel der Konjunktion beschrieben. Die Inputs A und B erfolgen nur quasi gleichzeitig, nämlich innerhalb eines verhältnismäßig kleinen Zeitfensters

Andererseits bedeutet die für ein Neuron maßgebliche Gleichzeitigkeit nicht die Gleichzeitigkeit eines genauen Zeitpunktes. Im biologischen Sinn sind zwei neuronale Erregungen gleichzeitig, die sich für eine kurze Zeitdauer Δt überdecken.

Das Feuern des Neurons zeigt also eine neuronale Koinzidenz der beiden anregenden Neuronen an und entspricht dabei der Logik der „Und" – Verknüpfung der Boolschen Algebra. Diese Koinzidenzdetektion erfolgt aber innerhalb eines schmalen Zeitfensters Δt.

1.3.3. Funktionsweise eines Autokorrelators zur Periodizitätsanalyse

Das Modell des neuronalen Autokorrelators besteht aus einer Bank von Einheiten zur Periodizitätsdetektion. In jeder Einheit E_i wird das Eingangssignal um einen für diese Einheit charakteristischen, festen Betrag τ_i verzögert und mit dem unverzögerten Signal verglichen. Stimmt das Ursprungssignal mit dem verzögerten Signal überein, so feuert das Koinzidenzneuron. Dann ist τ_i eine Periode des Signals. Damit zeigt die Einheit E_i die Periode τ_i bzw. die Eigenfrequenz $v_i = \tau_i^{-1}$ an.

Die Analyseeigenschaft der einzelnen Einheit E_i ist die Voraussetzung für die Eigenschaften der ganzen Bank. Darum sei zunächst das Verhalten der Einheit E_i mit der charakteristischen Verzögerung τ_i betrachtet. Angenommen, die Einheit spricht auf ein Signal mit der Frequenz f an. Das Signal hat die Grundperiode

$$T = \frac{1}{f},$$

aber auch jedes ganzzahlige Vielfache nT ist ebenfalls Periode des Signals. Daher ist die charakteristische Verzögerung τ_i gleich T oder gleich einem Vielfachen von T, d. h. $\tau_i = nT$. Durch Bilden der Kehrwerte erhält man die entsprechenden Frequenzen:

$$v_i = \frac{1}{\tau_i} = \frac{1}{nT} = \frac{1}{n} f,$$

oder äquivalent dazu: $f = n v_i$. Das Signal ist für $n > 1$ also Oberton der Eigenfrequenz der Einheit E_i und für $n = 1$ hat das Signal die Eigenfrequenz der Einheit E_i. Die einzelne Einheit E_i reagiert also auf die Eigenfrequenz v_i und auf alle Obertöne der Eigenfrequenz.

Die Analyseeigenschaft der gesamten Bank wird deutlich, wenn ein einzelnes Signal mit einer bestimmten Frequenz f_0 (Grundperiode $T_0 = f_0^{-1}$) durch die Bank analysiert wird. Auf eine Frequenz von f_0 reagieren diejenigen Einheiten E_n, deren eigene Verzögerungszeiten τ_n ein Vielfaches von T_0 sind: $\tau_n = nT_0$. Die Bank zeigt damit alle (im Hörbereich liegenden) Perioden des Signals an. Als zugehörige Frequenzen erhält man:

$$v_n = \frac{1}{\tau_n} = \frac{1}{nT_0} = \frac{1}{n} f_0.$$

Das sind alle Untertöne der Signalfrequenz f_0.

Diese Periodizitätsanalyse durch die Gesamtheit aller Einheiten entspricht mathematisch der Autokorrelationsfunktion des Signals: die Autokorrelationsfunktion zeigt Maxima für die Grundperiode und alle Vielfachen der Grundperiode (vgl. 1.4.4 (M-Gl. 95) und (Gl. 36)), denen im Frequenzbereich die Reihe der Subharmonischen entspricht.

Zur Illustration zeigt die Tabelle 2 einen Ausschnitt von 12 Einheiten aus der Bank zur Periodizitätsdetektion. Ein Signal mit der Frequenz 200 Hz – entsprechend 5 ms – wird analysiert. Unter jeder Einheit E_i stehen die der Einheit eigene Verzögerungszeit τ_i und die entsprechende Eigenfrequenz v_i . Darunter zeigt die Spalte alle Frequenzen, auf die die Einheit reagiert. Diese Frequenzen entsprechen den Obertönen der Eigenfrequenz der Einheit. Die Eigenfrequenzen der angesprochenen Einheiten bilden die Untertonreihe der Testfrequenz von 200 Hz, nämlich 200 Hz, 100 Hz, 66,6 Hz, 50 Hz, 40 Hz, 33,3 Hz, 28,6 Hz, 25 Hz, 22,2 Hz und 20 Hz. Die Einheiten F_1 und F_2 reagieren nicht auf das Signal. Sie sind zur Illustration eingefügt, stellvertretend für alle nicht reagierenden Einheiten.

	E_1	F_1	E_2	F_2	E_3	E_4	E_5	E_6	E_7	E_8	E_9
τ_i	5	6,67	10	12,5	15	20	25	30	35	40	45
v_i	**200**	150	**100**	80	**66,67**	**50**	**40**	**33,33**	**28,57**	**25**	**22,22**
1	**200**	150	100	80	66,67	50	40	33,33	28,57	25	22,22
2	400	300	**200**	160	133,33	100	80	66,67	57,14	50	44,44
3	600	450	300	240	**200**	150	120	100	85,71	75	66,67
4	800	600	400	320	266,67	**200**	160	133,33	114,29	100	88,89
5	1000	750	500	400	333,33	250	**200**	166,67	142,86	125	111,11
6	1200	900	600	480	400	300	240	**200**	171,43	150	133,33
7	1400	1050	700	560	466,67	350	280	233,33	**200**	175	155,56
8	1600	1200	800	640	533,33	400	320	266,67	228,57	**200**	177,78
9	1800	1350	900	720	600	450	360	300	257,14	225	**200**

Tabelle 2: In jeder Spalte steht eine Einheit E_i mit ihrer charakteristischen Verzögerung τ_i [ms] und entsprechender Eigenfrequenz v_i [Hz]. Darunter sind die Frequenzen aufgelistet, auf die die Einheit reagiert. Fett dargestellt ist die Ansprache der Bank auf eine Testfrequenz von 200 Hz. Die Eigenfrequenzen der reagierenden Einheiten bilden eine Untertonreihe zur Frequenz 200 Hz. Die Einheiten F_1 und F_2 reagieren nicht.

1.3.4. Das Korrelationsmodell der Periodizitätsdetektion nach Langner
1.3.4.1. Phasenkopplung, Verzögerung und Koinzidenz
Einen neuronalen Mechanismus, der eine Periodizitätsanalyse auf der Grundlage von Verzögerung und Koinzidenz durchführt, haben Langner und Schreiner bei Katzen im Bereich zwischen dem *Cochlea nucleus* (CN) und dem *Inferior colliculus* (IC oder ICC) gefunden (Langner/ Schreiner 1988). Eine analoge Struktur konnten auch im IC beim Menschen nachgewiesen werden (Langner/ Braun 2000). In einem neuronalen Schaltkreis aus den vier „Schaltelementen" Triggerneuron, Oszillator, Integrator und Koinzidenzneuron wird das Signal auf die passende Feinstruktur bzw. Periode der Trägerfrequenz und auf die Hüllkurvenperiode (vgl. 2.6.4) hin geprüft.

Die Grundprinzipien in Langners Korrelationsmodell sind:
- Synchronisation mit der Zeitstruktur des Signals;
- Verzögerung in einem Integrator;
- innere Oszillation in Oszillatorneuronen;
- Koinzidenzprüfung in einem Koinzidenzneuron.

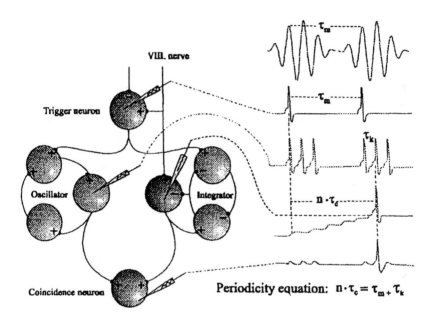

Abb. 12: Der neuronale Schaltkreis des Koinzidenzmodells nach Langner/ Schreiner (Langner 1995. Mit freundlicher Genehmigung von Herrn Prof. Dr. G. Langner, TU Darmstadt)

Bedeutend für das mathematische Modell ist zum einen die Synchronisation mit der Zeitstruktur des Signals (Hüllkurve und Feinstruktur), zum anderen die Beobachtung, dass die Koinzidenz innerhalb eines schmalen Zeitfensters geprüft wird: „To explain the effects of the carrier frequency ... and details of the temporal response patterns, it was necessary to postulate at least two inputs to these units: one input is synchronized to the temporal structure of the carrier signal and the other to the envelope. The coincidence unit has the highest firing probability if activity from both inputs occur simultaneously (or within a short time window)." (Langner/Schreiner 1988 S. 1818).

1.3.4.2. Die einzelnen Elemente des Korrelationsmodells

Um die Funktionsweise des Autokorrelators, den das Korrelationsmodell von Langner und Schreiner beschreibt, zu verdeutlichen, sind im Folgenden die einzelnen Elemente erläutert.

1. Triggerneuron

   Der Integrator und der Oszillator arbeiten parallel. Das Triggerneuron gibt die eingehenden Impulse an den Oszillator und Integrator gleichzeitig weiter. Dabei feuert das Triggerneuron immer phasengekoppelt zur Periode der Einhüllenden (Envelope) zu einem bestimmten Zeitpunkt. Dadurch werden Integrator und Oszillator hüllkurvernsynchron angeregt. Deshalb bleiben Laufzeitdifferenzen ohne (störenden) Einfluss auf die Periodizitätsanalyse.

2. Oszillator

   Der Oszillator besteht aus einer Kette von drei sich gegenseitig anstoßenden Neuronen. Bei jeder Wiederkehr der Einhüllendenperiode feuern sie phasensynchron eine kurze Impulskette und öffnen so ein schmales Zeitfenster für die Koinzidenzprüfung. Die Periode der Impulskette ist das 2-, 3-, 4-, 5- und 6- fache einer physiologisch bedingten Periode von 0,4 ms. Dabei tritt die Periode von 0,8 ms am häufigsten auf, längere Perioden sind seltener, ganz lange Perioden die Ausnahme.

3. Integrator

   Das Integratorneuron wird von Flip/ Flop- Neuronen synchronisiert, die ihren Impuls vom Triggerneuron empfangen und das Integratorneuron hemmen, das nun die eingehenden Nervenimpulse aufintegriert, und erst nach Erreichen eines Schwellenwertes feuert. Danach ruht der Integrator und beginnt erst wieder nach erneuter phasengekoppelter Anregung durch das Triggerneuron die eingehenden Nervenimpulse wiederum aufzuintegrieren. Der Impuls des Integrators folgt also immer mit einer von seinem Schwellenwert abhängigen Verzögerung der Periode der Hüllkurve.

4. Koinzidenzneuron

   Im Koinzidenzneuron werden die Impulse vom Oszillator und Integrator zusammengeführt. Das Koinzidenzneuron fungiert wie eine logische Konjunktion („Und- Gatter"), d.h. es feuert nur, wenn es sowohl vom Oszillator, als auch vom Integrator angeregt wird.

1.3.4.3. Ableitung der Periodizitätsgleichung

In den Versuchen wurden amplitudenmodulierte Sinustöne eingesetzt ((Gl. 25); vgl. 2.6). (Die Periode der Trägerfrequenz sei τ_c und die Periode der Hüllkurve sei τ_m, die Periode der inneren Oszillation sei τ_k). Die Versuche wurden so interpretiert:

- Mit jeder neuen Hüllkurvenperiode τ_m feuert das Triggerneuron und initiiert einen neuen „Arbeitszyklus" der Neuronen.

- Mit jedem phasengekoppelten Impuls des Triggerneurons feuert der Oszillator in einem schmalen Zeitfenster eine kurze Salve von Impulsen mit der Periode τ_k.

- Wenn der Integrator zuvor im Ruhezustand ist, (vgl. 3. Integrator), wird er durch den Impuls des Triggerneurons aktiviert und lädt sich mit jeder neuen Periode der Trägerfrequenz bis zum Erreichen des Schwellenwertes weiter auf. Die dadurch entstehende Verzögerung bis zum Feuern ist ein ganzzahliges Vielfaches der Periode τ_c: die Verzögerungszeit ist also $n\,\tau_c$.

- Der zum Zeitpunkt $n\,\tau_c$ vom Integrator ausgesandte Impuls muss nun mit einem Impuls des Oszillators gleichzeitig zusammentreffen. Dieser feuert seine Salve aber synchron mit der Phase, also zu einem Zeitpunkt $m\tau_m$ (m ganzzahlig und klein, meist $m=1$), beginnt eine Oszillation mit wenigen Impulsen der Periode τ_k. Diese Impulse ereignen sich also zu den Zeitpunkten $k\,\tau_k$ (k ganzzahlig und klein, meist $k=1$ oder $k=2$) nach der neuen phasengekoppelten Auslösung zum Zeitpunkt $m\tau_m$, also insgesamt zum Zeitpunkt $m\,\tau_m + k\,\tau_k$. Einer dieser k Impulse muss nun mit dem Integratorimpuls zum Zeitpunkt $n\,\tau_c$ zusammenfallen.

Daraus ergibt sich die Periodizitätsgleichung für die Koinzidenz (vgl. Langner/ Schreiner 1988 S. 1818, Langner 1995 S. 18, Borstl/ Palm/ Langner 2004):

$$m\,\tau_m + k\,\tau_k = n\,\tau_c.$$
(Gl. 30)

Bemerkenswert ist die doppelte Koinzidenz, die sowohl die Periode der Trägerfrequenz als auch die Periode der Hüllkurve analysiert. Ein periodisches Signal wird also sowohl nach seiner Feinstruktur, die als Klangfarbe in Erscheinung tritt und die durch τ_c repräsentiert ist, als auch nach seiner Tonhöhe (Grundtonempfinden oder „fundamental"), die durch die Periode der Hüllkurve τ_m repräsentiert ist, untersucht.

Das Triggerneuron setzt zu Beginn eines neuen „Arbeitszyklus" sozusagen einen neuen Nullpunkt für die Zeit, damit von da ab die Periode gemessen werden kann. Folglich hat eine Laufzeitdifferenz zwischen den Komponenten des Signals, die mathematisch durch eine Phasenverschiebung im Signal ausgedrückt wird, keine Bedeutung. Das ist entscheidend für den neuronalen Funktionsablauf und deshalb auch im mathematischen Modell berücksichtigt. Die Periodizitätsanalyse wird im Modell durch Autokorrelationsfunktionen nachgebildet. Es ist eine wichtige Eigenschaft der Autokorrelationsfunktion, dass sie reell ist und daher keine Phasen hat (vgl. 1.4.1 und (M-Gl. 86)/ (M-Gl. 97)). Auch in dieser Eigenschaft korrespondieren Modellbildung und der neuronale Autokorrelator: die initialisierende Funktion des Triggerneurons eliminiert Laufzeitdifferenzen, die sonst als Phasen zu berechnen wären. Die Koinzidenzprüfung zur Periodizitätsnalyse folgt also einer grundsätzlich anderen Logik, als die Koinzidenzprüfung beim Richtungshören, denn das Richtungshöhren beruht gerade auf der Detektion von Laufzeitdifferenzen (obere Olive).

An der Periodizitätsanalyse sind eine Vielzahl neuronaler Schaltkreise mit jeweils eigener bester Trägerfrequenz und bester Modulationsfrequenz für die Hüllkurvenabtastung beteiligt. Die Anordnung der Koinzidenzneuronen zeigt eine zweidimensionale tonotope Struktur (in mehreren Schichten) im IC (bzw. ICC) (inferior colliculus), der sich direkt unter dem Stammhirn befindet. Im IC befinden sich nämlich die Koinzidenzneuronen der neuronalen Schaltkreise, die von ihrem jeweiligen Integrator im DNC (dorsaler nucleus cochlearis) und dem Oszillator im VNC (ventraler nucleus cochlearis) angesteuert werden. Die Koinzidenzneuronen reihen sich aufsteigend in der einen Richtung nach der Frequenz des Trägers (Tonotopie), und in der anderen Richtung nach den Perioden der Hüllkurve (Periodotopie) auf. Periodotopie und Tonotopie sind orthogonal (Langer 1995 und 1999, Langer/Schreiner 1988). „The fact that most units in the ICC code periodicity by their firing also suggests that temporal information may be converted into a place code." (Langner/ Schreiner 1988 S. 1816). In gewisser Weise erhält man also eine "Einortstheorie" in zwei Dimensionen: eine Achse repräsentiert die Tonhöhe in Form der Hüllkurvenperiode (Periodotopie), die andere Achse aber repräsentiert die Klangfarbe in Form der Feinstrukturperioden (Tonotopie).

Durch das mit der inneren Oszillation zusammenhängende Zeitfenster entsteht eine Unschärfe in der Bestimmung (insbesondere) der Periode $m\,\tau_m$ der Hüllkurve, an der eine Vielzahl von Koinzidenzneuronen mit nur annähernd gleichen, eigenen Perioden und Periodenvielfachen (bezogen auf die Hüllkurvenperiode) beteiligt sind. Man kann also davon ausgehen, dass für eine zeitliche neuronale Koinzidenzanalyse zur Tonhöhenwahrnehmung die Berücksichtigung eines Zeitfensters als Toleranzbereich (Unschärfe) notwendig ist.

1.3.5. Neuronaler Frequenz- und Periodizitätscode

Um zu erkennen, welche Information durch die Koinzidenz von neuronalen Impulsen analysiert wird, muss zunächst der neuronale Code verstanden werden. Für das Phänomen von Konsonanz/ Dissonanz ist die Frage wichtig, wie die Tonhöheninformation im Hörnerv codiert ist.

Nach der Frequenzanalyse im Cortischen Organ ist die gewonnene Frequenzinformation durch die tonotope Organistion im gesamten Hörsystem repräsentiert („Ortstheorie", Romani et al. 1982 S. 1339 – 1340, Yost 2000 S. 232;). Auf der anderen Seite wird die Frequenzinformation im Zeitbereich durch periodische, neuronale Feuermuster in den Nerven des Hörsystems übermittelt.

So zeigt sich im Hörnerv die Frequenzselektivität der einzelnen Nervenfasern. „The data ... show that auditory nerve fibers are very selective to frequency, with each neuron firing best to a limited range of frequencies, and this range is different (the CF is different) for each neuron. These type I nerve fibers synapse with one or a few inner haircells along the cochlear partition ... . It is therefore not surprising that the discharge rate pattern reflects the same type of frequency selectivity obtained at one point along the basilar membrane. That is, *the auditory nerve preserves the frequency selectivity found along the basilar membrane due to the motion of the travelling wave.*" (Yost 2000 S. 131 f).

Die Zeitstruktur der neuronalen Feuermuster lässt sich statistisch in ihrer Gesamtheit erfassen. Dazu untersucht man die Zeitintervalle zwischen benachbarten und nicht benachbarten neuronalen Entladungen und stellt ihre Häufigkeit in Intervall- Histogrammen dar (Yost 2000 S. 132ff). Notiert man auf der Abszisse die Zeit zwischen aufeinander folgenden Entladungen, erhält man die Histogramme der „Interspike Intervals" (ISI).

Für reine Töne zeigen sie die der jeweiligen Frequenz entsprechenden periodischen Muster: die erste Spitze entspricht der Periode des Tones, die zweite Spitze entspricht der doppelten Periode des Tones und repräsentiert einen Ton mit der halben Frequenz etc. Es werden neben der Periode des Tones noch, zunehmend schwächer werdend, die Perioden der Subharmonischen des Tones angezeigt.

Im Hörnerv wird also ein der Frequenz entsprechender Periodizitätscode übermittelt. „It is also apparent ... from the interval and period histograms that auditory nerve fibers also discharge at rates proportional to the period of the input stimulus when the input frequency is less than 5000 Hz. It is possible, therefore, that information is available to the nervous system about stimulus frequency from an analysis of the periodicity of neural discharge rate. That is, the periodicity of the nerve discharge could be used to determine the frequency of an input stimulus. Thus, for frequencies less than 5000 Hz both the place of maximal discharge and the periodicity of discharge pattern can aid the nervous system in determining the frequency of stimulation." (Yost, 2000, S. 140).

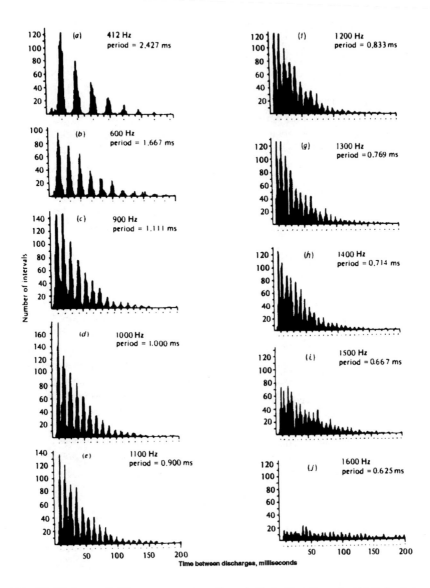

Abb. 13: Die Intervall- Histogramme zeigen die periodische Verteilung der ISI (beim Toten-kopfäffchen) für reine Töne unterschiedlicher Frequenz, die für eine Dauer von einer Sekunde mit einem Schalldruckpegel von 80 dB dargeboten wurden (aus Rose et al. 1967, vgl. Yost, 2000 S. 134).

61

1.3.5.1. Die Untersuchung von Cariani und Delgutte

Cariani und Delgutte haben mit statistischen Mitteln die Feuermuster der Nervenfasern des Hörnervs untersucht, die sie als Antwort auf periodische, komplexe Wellenformen bei betäubten Katzen gemessen haben (Cariani/ Delgutte 1996).

Für die statistische Auswertung wurden die ISI, d. h. die Längen der Intervalle zwischen den Impulsen (ISI = „interspike- interval", vgl. 3.1.3) gemessen und einerseits die Verteilung der Intervalle zwischen aufeinander folgenden neuronalen Impulsen („first- order interspike intervals") und die Verteilung der Intervalle zwischen beliebigen Impulsen („all- order intervals") bestimmt.

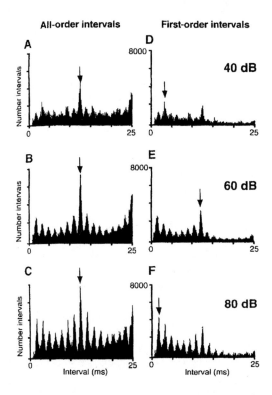

Abb. 14: Vergleich der Verteilungen von „all - order ISI" (ISI = interspike intervals) und „1st-order ISI". Der Stimulus war ein Einformantenvokal (single-formant vowel) mit der Grundfrequenz von 80 Hz – entsprechend einer Periode von 12,5 ms – und einem Formanten von 640 Hz, dargeboten mit 40, 60 und 80 dB SPL. Auf der Ordinate ist die Anzahl der Intervalle mit der unten angegebenen Dauer (in ms) abgetragen. Bei der Periode von 12,5 ms zeigen alle drei „all-order"- Histogramme absolute Maxima (aus Cariani/ Delgutte 1996 S. 1698. Used with permission of The American Physiological Society).

Als wesentliches Ergebnis (vgl. Abb. 14) zeigt sich, dass die Histogramme für die „all- order interspike interval"- Verteilungen ein absolutes Maximum bei der Periode $\tau_0 = F_0^{-1}$ der Fundamentalfrequenz F_0 zeigen, und zwar für alle Lautstärken. Die Histogramme der „first- order interspike intervals" zeigen wohl ein relatives Maximum bei der Periode $\tau_0 = F_0^{-1}$, aber die Histogramme sind hier stark von der Lautstärke abhängig und das absolute Maximum wechselt bei Lautstärkeerhöhung. „Although positions of major peaks in the two distributions are the same, the relative heights of peaks in first- order interval distributions change with level, thereby altering pitch estimates. Thus, for this stimulus, pitch estimates based on all- order intervals are much more stable with respect to level than those based on first- order intervals." Damit lässt sich aus dem absoluten Maximum des "all- order interspike interval"- Histogramms die Tonhöhe des Klanges ablesen.

Formal entspricht das „all- order ISI"- Histogramm einer Autokorrelationsfunktion (vgl. 1.4 und 3.2.1.5), das „first-order interspike interval"- Histogramm kann mit einer Autokorrelationsfunktion mit einem exponentiell fallenden Faktor nachgebildet werden, um „all-order-ISI" auszublenden. „The interspikeinterval (ISI) function, often plotted as a histogram in neural-spike timing experiments, is similar to the autocorrelation function for firing probability. The autocorrelation $a(\tau)$ can be described as the probability that if there is a spike at time t then there will be a spike at time $t + \tau$. The ISI function can be described as the probability that if there is a spike at time t then there will be a spike at time $t + \tau$ with no other spike between these two times. For small values of the lag τ, the two functions are similar. For long τ the ISI fades away as long intervals between successive spikes become improbable, but the autocorrelation function continues unattenuated. The ISI function is difficult to calculate. It is normally approximated by an autocorrelation function with a finite memory or an exponentially decaying factor on the lag. " (Hartmann [4]2000 S. 355).

Andere Stimuli, die ein mehr oder weniger starkes Tonhöhenempfinden auslösen, zeigen in ihren „all-order-ISI"– Histogrammen zwar andere Verteilungsmuster, aber stets ein absolutes Maximum für Perioden, die der empfundenen Tonhöhe auch der Stärke nach entsprechen (vgl. Abb. 15). Die benutzten Signale waren Wellenformen, die (mehr oder weniger stark) ein Tonhöhenempfinden auslösen.

Diese Stimuli waren reine Töne (pure tone), amplitudenmodulierte Töne (AM) mit tieferer und sehr hoher Trägerfrequenz, harmonische Obertöne ohne Grundton, um das Residualtonphänomen nachzustellen (Harmonics), periodische Impulsfolgen (Click train) und amplitudenmoduliertes Rauschen (AM noise). Die Pfeile zeigen auf die absoluten Maxima, die sich an der Stelle der Periode des Grundtons bzw. der (residualen) Tonhöhenempfindung befinden.

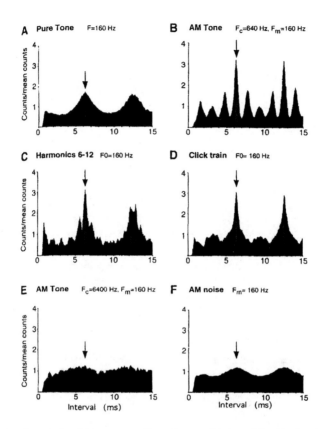

Abb. 15: Autokorrelationshistogramme für sechs verschiedene Stimuli, die ein Tonhöhen-empfinden für eine Frequenz von 160 Hz – entsprechend von 6,25 ms – hervorrufen. (Versuche an Katzen; aus Cariani und Delgutte 1996 S. 1709. Used with permission of The American Physiological Society).

1.4. Korrelationsfunktionen
1.4.1. Die Autokorrelationsfunktion

Das Grundprinzip der Autokorrelation einer Funktion besteht darin, dass man ihre Werte $x(t)$ mit ihren Werten $x(t + \tau)$ nach einer Zeitverschiebung um τ vergleicht. Das Produkt $x(t)x(t + \tau)$ ist maximal, wenn beide Werte gleich groß sind. Ist ein Wert kleiner als der andere, ist das Produkt kleiner als der maximale Wert, nämlich das Quadrat des größten (3.2.1.1). Summiert man für alle t das Produkt $x(t)x(t + \tau)$, so erhält man ein Maß für die Übereinstimmung von $x(t)$ mit seinen Werten nach einer Zeitverschiebung um τ. Dazu bildet man für dieses τ die Zahl:

$$a_\tau = \int x(t)\,x(t+\tau)\,dt\,,$$

(Gl. 31)

das so genannte Überlappungsintegral (3.2.1.2, (M-Gl. 58)). Will man wissen, für welche Verschiebung τ die Übereinstimmung besonders gut oder schlecht ist, muss man a_τ für alle verschiedenen Verschiebungswerte τ bilden und erhält damit die Autokorrelationsfunktion (vgl. 3.2.1.5):

$$a(\tau) = \int x(t)\,x(t+\tau)\,dt\,.$$

(Gl. 32)

Damit ist das Grundprinzip der Autokorrelationsfunktion beschrieben. Nach Gleichung (Gl. 31) kann für eine beliebige Funktion $x(t)$ die Autokorrelationsfunktion gebildet werden, wenn das Integral definiert ist. Stetigkeit kann vorausgesetzt werden; die Konvergenz des Integrals kann durch Faktoren oder entsprechende Wahl der Integrationsgrenzen bewirkt werden (vgl. 3.2.1.5 und 3.2.2.1 sowie (M-Gl. 75) und (M-Gl. 91)). Im Einzelfall richtet sich die konkrete formale Ausformung (Integrationsgrenzen, Definitionsbereich, Faktoren, Normierungen, Grenzwertbildung, analog oder diskret) nach den Eigenschaften der Funktion $x(t)$. Dazu müssen in der mathematischen Theorie die Funktionen zunächst klassifiziert werden (3.2.2).

Wichtig ist die allgemeine Eigenschaft, dass die Autokorrelationsfunktion stets reellwertig ist. Da Phasen im Signal mathematisch durch imaginäre Anteile ausgedrückt werden, folgt, dass die Autokorrelationsfunktion immer phasenfrei ist.

1.4.2. Kreuzkorrelationsfunktion

Es ist auch möglich, zwei verschiedene Funktionen $x(t)$ und $y(t)$ (mit gleichem Definitionsbereich) miteinander zu vergleichen. Auch hier bildet man ein Überlappungsintegral (M-Gl. 58):

$$c_\tau = \int x(t)\,y(t+\tau)\,dt\,,$$

(Gl. 33)

das ein Maß für die Übereinstimmung von $x(t)$ mit den um τ verschobenen Werten $y(t+\tau)$ liefert. Betrachtet man alle τ, so erhält man die Kreuzkorrelationsfunktionen zwischen $x(t)$ und $y(t)$ (vgl. 3.2.1.4 und (M-Gl. 73), (M-Gl. 74) sowie (M-Gl. 92) und (M-Gl. 93)):

$$c_{xy}(\tau) = \int x(t)\, y(t+\tau)\, dt \quad \text{und} \quad c_{yx}(\tau) = \int y(t)\, x(t+\tau)\, dt.$$

(Gl. 34)

Jeder „Zeitverzögerung" τ wird das Überlappungsintegral zugeordnet (zum Verständnis des Überlappungsintegrals siehe 3.2.1.2)

Formal ist die Autokorrelationsfunktion eine Kreuzkorrelationsfunktion, bei der $x(t) = y(t)$ ist.

1.4.3. Autokorrelationsfunktion einer Summe

Die Autokorrelationsfunktion der Summe $x(t) = x_1(t) + x_2(t)$ zweier Funktionen $x_1(t)$ und $x_2(t)$ besteht aus der Summe der beiden Kreuzkorrelationen $c_{12}(\tau)$ und $c_{21}(\tau)$ zwischen $x_1(t)$ und $x_2(t)$ und den beiden Autokorrelationsfunktionen $a_1(\tau)$ von $x_1(t)$ und $a_2(\tau)$ von $x_2(t)$ (vgl. 3.2.1.6). Nach Gleichung (Gl. 32) ist nämlich die Autokorrelationsfunktion der Summe $x(t) = x_1(t) + x_2(t)$:

$$a(\tau) = \int x(t)\, x(t+\tau)\, dt = \int [x_1(t) + x_2(t)][x_1(t+\tau) + x_2(t+\tau)]\, dt$$

$$= \int [x_1(t)\, x_1(t+\tau) + x_1(t)\, x_2(t+\tau) + x_2(t)\, x_1(t+\tau) + x_2(t)\, x_2(t+\tau)]\, dt$$

$$= \int x_1(t)\, x_1(t+\tau)\, dt + \int x_1(t)\, x_2(t+\tau)\, dt + \int x_2(t)\, x_1(t+\tau)\, dt + \int x_2(t)\, x_2(t+\tau)\, dt$$

$$= a_1(\tau) + c_{12}(\tau) + c_{21}(\tau) + a_2(\tau)$$

(Gl. 35)

1.4.4. Periodizitätsanalyse

Die Autokorrelationsfunktion eignet sich besonders zur Periodizitätsanalyse (vgl. 3.2.2.3 und 3.3.2.). Das liegt an zwei Eigenschaften:

1. Ist $x(t)$ periodisch mit der Periode T, dann ist auch ihre Autokorrelationsfunktion $a(\tau)$ periodisch mit der Periode T, denn:

$$a(\tau + T) = \int x(t)\, x(t+\tau+T)\, dt = \int x(t)\, x(t+\tau)\, dt = a(\tau),$$

(Gl. 36)

2. hat $a(\tau)$ an der Stelle 0 das absolute Maximum aller Funktionswerte:

$$a(\tau) \le a(0)$$

für alle τ (vgl. (M-Gl. 95) und (M-Gl. 96)).

Ist also $x(t)$ periodisch mit der Periode T, dann ist $a(\tau + T) = a(\tau)$. Setzt man $\tau = 0$, dann ist auch $a(T) = a(0)$, also nimmt $a(\tau)$ auch bei T das absolute Maximum an. Das gilt dann natürlich analog für alle Vielfachen von T: $a(nT) = a(0)$ ist absolutes Maximum von $a(\tau)$ (für alle $n \in Z$). Die Stellen der absoluten Maxima von $a(\tau)$ sind alle Perioden von $x(t)$.

Ist $x(t)$ eine Funktion, die periodische Anteile enthält, so werden diese durch die Autokorrelationsfunktion sichtbar gemacht. Das leuchtet ein, wenn man $x(t)$ als Summe der periodischen und der nichtperiodischen Anteile schreibt. Nach (Gl. 35) bzw. (M-Gl. 68) enthält dann die Autokorrelationsfunktion von $x(t)$ als einen Summanden die Autokorrelationsfunktion des periodischen Anteils. Dieser Summand zeigt die Perioden als Maxima an. Deshalb können etwa die vokalen Anteile im Sprachsignal sichtbar gemacht werden. Kraft benutzte bereits 1950 einen Autokorrelator, den „Digital Electronic Correlator" für die Sprachanalyse (Kraft 1950) und lieferte damit eine frühe praktische Anwendung des Theorems von Norbert Wiener von 1930 (Wiener 1930).

1.4.4.1. Periodische Funktionen und die Phasen
Jede periodische Funktion lässt sich als Summe von Sinus- und Cosinusfunktionen darstellen (3.3.3 (M-Gl. 102)). Diese Darstellung wird als Fourieranalyse (Fourier- Reihe) bezeichnet.

Ist eine Sinusfunktion $x_1(t) = A \sin(\omega_0 t + \varphi_1)$ mit der Frequenz

$$f_0 = \frac{\omega_0}{2\pi}$$

und der Phase φ_1 gegeben, so ist die Autokorrelationsfunktion (vgl. Hartmann [4]2000 S. 333 (14.9) und (M-Gl. 111)):

$$a(\tau) = \frac{A^2}{2} \cos(\omega_0 \tau).$$
(Gl. 37)

Für die Cosinusfunktion $x_2(t) = A \cos(\omega_0 t + \varphi_2)$ erhält man dieselbe Autokorrelationsfunktion (vgl. (M-Gl. 112)). Das ist nicht verwunderlich, denn der Cosinus hat dieselben Perioden $n\,2\pi$ wie der Sinus. Darum haben $x_1(t)$ und $x_2(t)$ die Perioden

$$\tau_n = nT_0 = n\frac{1}{f_0} = n\frac{2\pi}{\omega_0}.$$

Setzt man in $a(\tau)$ ein, so erhält man

$$a(\tau_n) = \frac{A^2}{2} \cos\left(\omega_0\, n\, \frac{2\pi}{\omega_0}\right) = \frac{A^2}{2},$$

(Gl. 38)

also das Maximum der Autokorrelationsfunktion. Ist eine periodische Funktion $x(t)$ als Fourier- Reihe gegeben:

$$x(t) = A_0 + \sum_{n=1}^{\infty} [A_n \cos(\omega_n\, t) + B_n \sin(\omega_n\, t)],$$

(Gl. 39)

so ist die Autokorrelationsfunktion (vgl. Hartmann [4]2000 S. 337, (14.15a), siehe (M-Gl. 106)):

$$a(\tau) = A_0^2 + \frac{1}{2} \sum_{n=1}^{\infty} \left(A_n^2 + B_n^2\right) \cos(n\,\omega_0\, \tau).$$

(Gl. 40)

Aus der Gleichung geht hervor, dass die in der periodischen Funktion enthaltenen Phasen in die Autokorrelationsfunktion nur als Amplitudenbeitrag eingehen, nicht aber in die Cosinusterme. Auch hier sieht man, dass die Autokorrelationsfunktion phasenfrei ist (vgl. 1.4.1).

1.4.4.2. Praktische Berechnung für Intervalle
Um die periodische Struktur eines Intervalls mit der Autokorrelationsfunktion zu untersuchen, seinen zwei Töne als Klänge mit N gleichstarken Teiltönen angenommen, deren Grundfrequenzen im Schwingungsverhältnis

$$s = \frac{p}{q}$$

stehen. Die Phasen können unberücksichtigt bleiben, weil die Autokorrelationsfunktion reell ist und die Phasen bei der Berechnung herausfallen. Der untere Ton soll ein a' mit 440 Hz sein. Weil der hörrelevante Frequenzbereich von 20 Hz bis zu 20000 Hz reicht, genügt es ein Zeitintervall von

$$50\,\text{ms} = \frac{1\,\text{s}}{20000}\,1000$$

zu betrachten. In 50 ms erfolgen 22 Schwingungen bei einer Referenzfrequenz von 440 Hz, denn:

$$\frac{440}{\text{s}} = \frac{440}{1000\,\text{ms}} = \frac{22}{50\,\text{ms}}.$$

Daher sind

$$x_1(t) = \sum_{n=1}^{N} \cos\left(n\,2\,\pi\,\frac{22}{50}\,t\right) \text{ und } x_2(t) = \sum_{n=1}^{N} \cos\left(s\,n\,2\,\pi\,\frac{22}{50}\,t\right)$$

die Primärtöne (besser: Primärklänge) des Intervalls $J(t) = x_1(t) + x_2(t)$, bezogen auf den Ton a' als unterem Intervallton.

Nach Definition (Gl. 31) berechnet man für ein Zeitintervall der Länge 50 ms die normierte Autokorrelationsfunktion des Intervalls:

$$a(\tau) = \frac{1}{50} \int_0^{50} J(t)\,J(t+\tau)\,dt.$$

(Gl. 41)

Mit dieser Gleichung kann die hörrelevante Autokorrelationsfunktion (per Computer) konkret berechnet werden.

Als erstes Beispiel sei als Intervall $J(t) = x_1(t) + x_2(t)$ die reine Quinte aus a'- e'', gebildet aus Sinustönen betrachtet ($N=1$):
a' mit $f_a = 440\,\text{Hz}$ hat die Periode

$$\tau_a = \frac{1000}{440} \approx 2,273\,\text{ms}$$

und e'' mit $f_e = 440\,\text{Hz} \cdot \dfrac{3}{2} = 660\,\text{Hz}$ hat die Periode

$$\tau_e = \frac{1000}{440} \cdot \frac{2}{3} \approx 1,515\,\text{ms}.$$

Die kleinste gemeinsame Periode ist:

$$2\tau_a = 3\tau_{es} = 2 \cdot \frac{1000}{440} \text{ ms} \approx 4,545 \text{ ms},$$

was der Frequenz $f_a = 220$ Hz des kleinen a entspricht. Im Bild der Autokorrelationsfunktion des Intervalls erkennt man deutlich den periodischen Verlauf mit den absoluten Maxima an den Stellen $\approx 4,55; \approx 9,1; \approx 13,65$ etc..

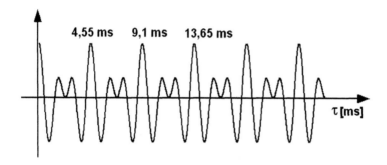

Abb. 16: Graph der Autokorrelationsfunktion der reinen Quinte a' – e'' aus zwei Sinustönen. In dem sich wiederholenden Muster erkennt man den periodischen Verlauf der Kurve. Die kleinste Periode ist ca. 4,55 ms lang, die übrigen Perioden sind Vielfache davon. Man erkennt auch, dass $a(0) = a(4,55) = a(9,1) =$ etc. maximal ist.

Als zweites Beispiel betrachte man dasselbe Intervall, gebildet aus Primärtönen, die die sechs ersten Teiltöne ($N=6$; alle mit gleicher Amplitude) enthalten, wie in den später beschriebenen Versuchen von Tramo et al. (vgl. 1.5).

In diesem Graphen werden neben den hervortretenden, gemeinsamen Perioden auch die Perioden der Primärtöne und ihrer Vielfachen sichtbar. Der Ton a' mit 440 Hz hat eine Periode von 2,27 ms und der Ton e'' mit 660 Hz eine Periode von 1,515 ms. Auch die Obertöne mit ihren kurzen Perioden werden als Feinstruktur sichtbar. Die Autokorrelationsfunktion zeigt alle Perioden, die im Intervall enthalten sind, mit der Häufigkeit ihres Auftretens und ihrer Stärke an (vgl. 3.3.1 (M-Gl. 144)).

70

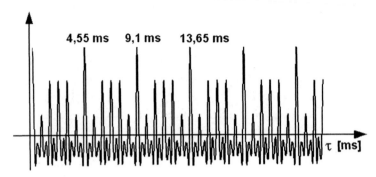

Abb. 17: Graph der Autokorrelation der reinen Quinte a' – e'', jeder Primärton mit den ersten sechs gleichstarken harmonischen Teiltönen (*N*=6). Die Kurve nähert sich einem Gitter. Das Bild der Autokorrelation zeigt starke Spitzen für die Maxima, statt weicher Übergänge, wie bei den reinen Sinustönen. Das liegt darin begründet, dass eine Reihe harmonischer Schwingungen gegen eine Impulsfolge konvergiert (s. o. und 3.1.3), deren Impulse den Abstand der Schwingungsperiode haben (M-Gl. 33).

1.5. Konsonanz, Dissonanz und neuronaler Code
1.5.1. Die Untersuchung von Tramo, Cariani und Delgutte

Das Gehör kann nicht im Vorhinein entscheiden, welchen Schall es analysieren muss. Weil also vor der Verarbeitung eine Klassifikation nicht stattfindet, wird jeder Schall offenbar mit demselben Verfahren analysiert. Also muss auch die Verarbeitung von Zweiklängen (zwei komplexe Töne gleichzeitig) der Anwendung einer Autokorrelation entsprechen, wie Carianis Untersuchungen nahe legen (1.3.5.1).

Deshalb haben Tramo, Cariani und Delgutte (Tramo et al. 2001, McKinney et al. 2000) Versuche mit den Intervallen kleine Sekunde (16:15), reine Quarte (4:3), Tritonus (45:32) und reiner Quinte (3:2) durchgeführt. Jeder Ton enthält dabei die ersten sechs Obertöne mit dergleichen Amplitude und Phase (vgl. 3.1.2). Um den neuronalen Code von Konsonanzen im peripheren Gehör zu untersuchen, haben sie die neuronale Antwort auf 200 ms andauernde Intervalle bei über 100 Katzen untersucht. Auch hier haben sie die „all- order ISI"-Histogramme (vgl. 1.3.5.1) mit der entsprechenden Autokorrelationsfunktion verglichen. Der Vergleich der Kurven der Autokorrelationsfunktion mit den Histogrammen macht die Entsprechung augenfällig (vgl. Abb. 18 - 21).

„Indeed, for all- order intervals the autocorrelation histograms of neural responses ... mirror the fine structure of acoustic information in the time domain... . Thus the peaks in the population ISI distribution evoked by consonant intervals reflect the pitch of each note, the fundamental bass, and other harmonically related pitches in the bass register. By contrast, the dissonant intervals (the minor second and tritone are associated with population ISI distributions that are irregular. These contain little or no representation of pitches corresponding to notes in the interval, the fundamental bass, and related bass notes...., In summary, the all- order ISI distribution embedded in auditory nerve fiber firing patterns contains representations of the pitch relationships among note F0s that influence the perception of musical intervals as consonant and dissonant." (Tramo et al. 2001 S. 103).

Die wichtigste Beobachtung bei der Betrachtung der "all- order- ISI"-Histogramme ist, dass die konsonanten Intervalle eine regelmäßige periodische Struktur zeigen und ein vergleichsweise hohes Maximum, entsprechend der Periode des Residualton bzw. fundamentalen Bass und ihrer Vielfachen haben. Dissonanzen sind hingegen aperiodisch im hörrelevanten Bereich bis zu $\tau = 50\,\text{ms} \approx 20\,\text{Hz}$ hinab und die Maxima stehen in keiner harmonischen Beziehung zu den Primärtönen.

Die Maxima lassen sich durch Koinzidenzberechnungen bestimmen (vgl. 3.1.1.1). Der Bezugston ist in allen vier Fällen das a´ mit der Frequenz 440 Hz und der Periode $\tau_a = 2{,}273\,\text{ms}$.

1. Die kleine Sekunde hat das Schwingungsverhältnis 16:15, also hat das b´ als kleine Sekunde zum a' die Frequenz

$$f_b = 440\,\text{Hz}\,\frac{16}{15} = 469{,}3\,\text{Hz}$$

und die Periode

$$\tau_b = \tau_a\,\frac{15}{440\,\text{Hz}\cdot 16} = 2{,}31\,\text{ms}.$$

Zu lösen ist (nach (M-Gl. 17)) die Gleichung:

$$n\,\tau_a - m\,\tau_b = n\,\tau_a - \frac{15}{16}\tau_a = \left(n - m\,\frac{15}{16}\right)\tau_a = 0 \Leftrightarrow 16n - 15m = 0.$$

Die Lösung mit dem kleinsten n und m ist $(n_0;\,m_0) = (15;16)$. Die erste Koinzidenzstelle ist also:

$$n_0\,\tau_a \cong 15\,\frac{s}{440} = 15\cdot 2{,}273\ \text{ms} \cong 34{,}095\ \text{ms}$$

und gleichbedeutend:

$$m_0 \, \tau_b = 16 \tau_b = 16 \cdot \frac{s}{440} \cdot \frac{15}{16} \cong 15 \cdot 2{,}131 \, \text{ms} = 34{,}095 \, \text{ms}.$$

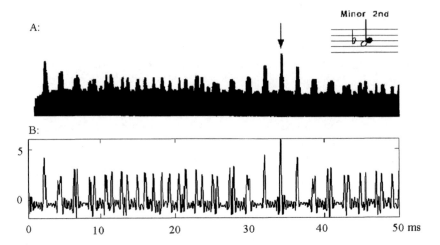

Abb. 18: Bild A zeigt die Interspike-Interval-Verteilung, die aus den gemessenen Feuermustern in Axonen des Hörnervs der Katze ermittelt wurde. Der Stimulus war die kleine Sekunde a' – b' (aus Tramo et al. 2001 S. 102. Used with permission of Blackwell Publishing Ltd Oxford).

Bild B zeigt die mit MathCad berechnete Autokorrelationsfunktion für die kleine Sekunde a' – b' für Primärtöne, gebildet aus den gleichstarken sechs ersten harmonischen Obertönen. Charakteristisch für Dissonanzen ist, dass sich im hörrelevanten Bereich keine periodische Struktur ausbilden kann. Die Periode ist länger als der dargestellte Hörbereich von 50 ms.

Deutlich erkennt man im Bild Abb. 18 den ersten Koinzidenzpunkt bei $\tau = 34{,}095$ ms, was einer Frequenz von 29 Hz entspricht. Weitere Koinzidenzpunkte sind nicht mehr hörbar, weil die entsprechenden Töne zu tief sind. Theoretisch sind die übrigen Koinzidenzpunkte bei $n_i = n_0 + k\,15$ und $m_i = m_0 + k\,16$, also ist mit $n_1 = 30$ und $m_1 = 32$ der zweite Koinzidenzpunkt bestimmt. (Probe: $30 \cdot 16 - 32 \cdot 15 = 480 - 480 = 0$). Das entspricht aber jetzt einer Periode von $30 \cdot \tau_a = 32 \cdot \tau_b \cong 30 \cdot 469{,}3$ ms $\cong 32 \cdot 2{,}131$ ms $\cong 68{,}192$ ms, die zugehörige Frequenz ist ca. 15 Hz und liegt nicht mehr im (relevanten) Hörbereich.

Die kleine Sekunde kann im Hörbereich keine periodische Struktur zeigen, weil die Koinzidenzperiode mit 34,095 ms bei einem angenommenen Hörbereich von 50 ms zu lang ist, um mehr als eine Periode im Hörbereich zu haben.

2. Die reine Quarte hat das Schwingungsverhältnis 4:3, also hat das d'' als Quarte zum a' die Frequenz:

$$f_d = 440\,\text{Hz} \cdot \frac{4}{3} \approx 586{,}667\,\text{Hz}$$

und die zugehörige Periode ist $\tau_d = 1{,}705\,\text{ms}$.

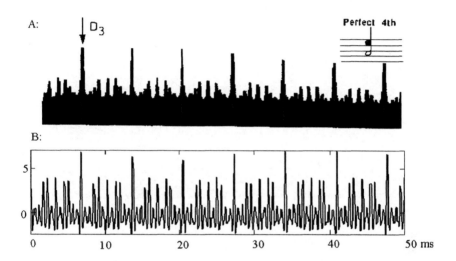

Abb. 19: Bild A zeigt die Interspike-Interval-Verteilung, die aus den gemessenen Feuermustern in Axonen des Hörnervs ermittelt wurde. Der Stimulus war die reine Quarte a' – d'' (aus Tramo et al. 2001 S. 102. Used with permission of Blackwell Publishing Ltd Oxford). Bild B zeigt die mit MathCad berechnete Autokorrelationsfunktion für die reine Quarte a' – d'' für Primärtöne, gebildet aus den gleichstarken sechs ersten harmonischen Teiltönen. Deutlich sieht man die für konsonante Intervalle typische periodische Struktur.

Auch hier man die Gleichung (M-Gl. 17): $n\tau_a - m\tau_d = 0 \Leftrightarrow \text{n} \cdot 4 - \text{m} \cdot 3 = 0$, um die koindizierenden Perioden zu bestimmen. Die erste Lösung ist $(n_0; m_0) = (3; 4)$, entsprechend $\tau_0 = 6{,}819$ und $f_0 = 147\,\text{Hz}$ für die erste Koinzidenz. Weitere Lösungen sind $(n_0 + k\,3; m_0 + k\,4)$, also die Paare: (3; 4), (6; 8), (9;12), (12;16), (15; 20), (18; 24), (21; 28) und (24; 32) für $k = 0,\ldots, 6{,}7$. Das Paar (21; 28) entspricht $\tau = 47{,}733\,\text{ms}$ und das Paar (24; 32) entspricht $\tau = 54{,}552\,\text{ms}$, also liegt der Koinzidenzbereich für (24; 32) außerhalb des Hörbereichs, aber für (21; 28) noch innerhalb. Insgesamt liegen also sieben Koinzidenzpunkte im hörrelevanten Bereich von 0 bis 50 ms.

3. Der Tritonus wird von Tramo et al. mit dem Schwingungsverhältnis 45:32 für die übermäßige Quarte ($45 = 3^2 \cdot 5$ entspricht also zwei reinen Duodezimen und einer großen Terz aufwärts) untersucht, aber mit den Tonnamen a' – es" als verminderte Quarte angegeben. Bei diesem Schwingungsverhältnis hat das es" die Frequenz

$$f_{es} = 440\,\text{Hz} \cdot \frac{45}{32} = 618{,}75\,\text{Hz}$$

und die Periodenlänge $\tau_{es} = 1{,}616\,\text{ms}$.

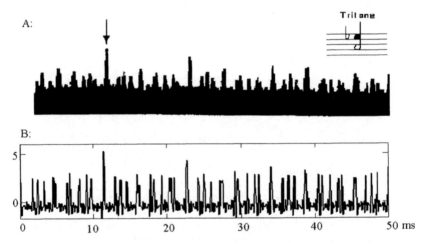

Abb. 20: Bild A zeigt die Interspike-Interval-Verteilung, die aus den gemessenen Feuermustern in Axonen des Hörnervs ermittelt wurde. Der Stimulus war der Tritonus a' – es" (aus: Tramo et al. 2001 S. 102. Used with permission of Blackwell Publishing Ltd Oxford). Bild B zeigt die mit MathCad berechnete Autokorrelationsfunktion für den Tritonus a' – es" für Primärtöne, gebildet aus den gleichstarken sechs ersten harmonischen Teiltönen. Deutlich erkennt man die „Scheinperiode" bei 11,4 ms (vgl. 1.5.2).

Der erste Koinzidenzpunkt ist bestimmt durch $(n_0; m_0) = (32; 45)$ als Lösung der Gleichung: $n\tau_a - m\tau_{es} = 0 \Leftrightarrow n\,45 - m\,32 = 0$ mit gegeben, was $\tau_0 \approx 72{,}73$ ms oder ca. 14 Hz entspricht und weit außerhalb des Hörbereichs liegt. Für den Tritonus findet sich also beim Verhältnis 45:32 keine Koinzidenz und damit auch keine periodische Struktur im Hörbereich.

4. Die reine Quinte hat das Schwingungsverhältnis 3:2, also hat das e'' die Frequenz

$$f_e = 440\,\text{Hz} \cdot \frac{3}{2} = 660\,\text{Hz}$$

und die Periode $\tau_e = 1,515\,\text{ms}$.

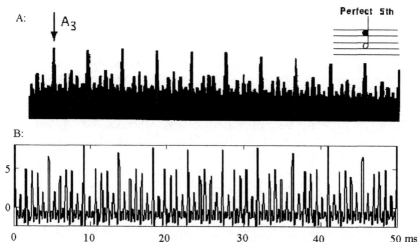

Abb. 21: Bild A zeigt die Interspike-Interval-Verteilung, die aus den gemessenen Feuermustern in Axonen des Hörnervs ermittelt wurde. Der Stimulus war die reine Quinte a' – e'' (aus: Tramo/ et al. 2001, S. 102. Used with permission of Blackwell Publishing Ltd Oxford). Bild B zeigt die mit MathCad berechnete Autokorrelationsfunktion für die reine Quinte a' – e'' für Primärtöne, gebildet aus den gleichstarken sechs ersten harmonischen Obertönen. Deutlich sieht man die für konsonante Intervalle typische periodische Struktur.

Die erste Lösung der Gleichung $n \cdot \tau_a - m \cdot \tau_e = 0 \Leftrightarrow n \cdot 3 - m \cdot 2 = 0$ ist $(n_0; m_0) = (2; 3)$. Weitere Lösungen sind $(n_0 + k \cdot 2; m_0 + k \cdot 3)$, also die Paare (2; 3), (4; 6), (6; 9), ... , (20; 30) und (22; 33) für $k = 0,1,...,9,10$. Da $20 \cdot \tau_a = 45,45\,\text{ms}$ und $22 \cdot \tau_a = 50,01\,\text{ms}$, liegen also insgesamt 10 Koinzidenzpunkte im Hörbereich von 0 ms bis 50 ms.

Insgesamt sieht man, dass:

die reine Quinte	-10 Koinzidenzpunkte,
die reine Quarte	- 7 Koinzidenzpunkte,
die kleine Sekunde	- 1 Koinzidenzpunkt und
der Tritonus 45:32	- 0 Koinzidenzpunkte

im Hörbereich haben.

Auch bei komplizierten Schwingungsverhältnissen ist die entstehende Koinzidenzstruktur periodisch, aber eine Periode ist im Vergleich zu einfachen Schwingungsverhältnissen sehr lang; somit wird in den Abbildungen bei den Dissonanzen kl. Sekunde und Tritonus die periodische Struktur nicht sichtbar: die kleine Sekunde zeigt gerade mal eine ganze Periode im Hörbereich bis 50 ms, der Tritonus mit dem Schwingungsverhältnis 45:32 nur die ersten 50 ms seiner vollständigen Periode der Länge $\tau_0 \approx 72{,}7$ ms: die Periode ist länger, als der Hörbereich. Eine im hörrelevanten Bereich liegende periodische Struktur ist offenbar gleichbedeutend mit einer hohen Koinzidenzrate.

Diese Berechnung von Koinzidenzpunkten hat sich nur auf die Grundtöne der Pimärklänge bezogen, ihre Obertöne jedoch nicht berücksichtigt. Auch diese bilden Koinzidenzen aus, die sich in der periodischen (!) Struktur der Maxima zwischen den Hauptkoinzidenzpunkten zeigen. Da die Obertöne eine vielfache Frequenz der Primärtongrundfrequenzen haben, sind ihre Perioden Bruchstücke der Hauptperioden, die aber die Koinzidenzverhältnisse quasi im Kleinen wiederholen. Da sie Teiler der Hauptperioden sind, haben sie auch Koinzidenzen für diese und vergrößern die Hauptkoinzidenz. Daher sind die zwischen den Hauptkoinzidenzpunkten liegenden Obertonkoinzidenzen stets kleiner als die Hauptkoinzidenzen. Prinzipiell bleibt der Koinzidenzgrad aber gleich.

1.5.2. Der Tritonus und Stimmungssysteme

Bemerkenswert ist die im Schaubild des Tritonus Abb. 20 bei 11,4 ms zu sehende, starke Koinzidenz, da doch die Hauptkoinzidenz des Tritonus mit dem Schwingungsverhältnis 45:32 bei 72,7 ms liegt (s. o.). Es liegen hier die fünfte Periode des Tons a' und die siebente Periode des Tons es'' sehr nahe beieinander. Es sind nämlich

$$\tau_a = \frac{1000}{440} \text{ und } \tau_{es} = \tau_a \cdot s^{-1} = \frac{1000}{440} \cdot \frac{32}{45}$$

Daraus berechnet man $5 \cdot \tau_a = 11{,}\overline{36}$ ms (entspricht 88,0 Hz) und $7 \cdot \tau_{es} = 11{,}\overline{31}$ ms (entspricht 88,4 Hz).

Das Auflösungsvermögen der Graphik und wohl auch des Gehörs reicht nicht aus, um beide Punkte zu trennen. Es entsteht eine „Scheinkoinzidenz", die zeigt, dass Unschärfen in der Periodizitätsanalyse unbedingt bedacht werden müssen. Es kann spekuliert werden, ob diese Scheinkoinzidenz, die einen „falschen" Residualton von 88 Hz liefert, zum ambivalenten Klangeindruck des Tritonus beiträgt: „The largest peak occurs at 11,4 ms, which corresponds to $F_0 = 88$ Hz F_0, and it, too, decays into the background. This periodicity corresponds to a near coincidence between the fifth subharmonic of the root (440 Hz divided by 5) and the seventh subharmonic of the tritone (618,7 Hz divided by 7). It also lies close to F_2, which is related to the fundamental bass of an F dominant- seventh chord in its first inversion. Thus the autocorrelation function of the tritone implies a chord that is, in music theory, less consonant than the chords implied by the autocorrelation functions of the fifth and fourth. " (Tramo et al. 2001 S. 100).

Auf der anderen Seite überrascht diese Nähe der fünften zur siebten Periode aber nicht, wenn man bedenkt, dass sich der reine Tritonus aus der Obertonreihe als Abstand des fünften zum siebten Oberton ableiten lässt, also das Schwingungsverhältnis 7:5 hat. Für diesen Tritonus hat das es'' die Frequenz

$$f_{es} = \frac{7}{5} \cdot 440 \, \text{Hz} = 616 \, \text{Hz}$$

und die Periode $\tau_{es} = 16,23 \, \text{ms}$. Hier löst man also die Koinzidenzgleichung

$$n \tau_a - m \tau_{es} = 0 \Leftrightarrow n \, 7 - m \, 5 = 0,$$

die die Lösungen $(n; m) = (k \, 5; k \, 7)$ hat. Daraus berechnet man vier Koinzidenzpunkte, die im Hörbereich liegen:

$$5 \tau_a = 11,36 \, \text{ms}$$
$$10 \tau_a = 22,73 \, \text{ms}$$
$$15 \tau_a = 34,09 \, \text{ms}$$
$$20 \tau_a = 45,45 \, \text{ms}.$$

Dabei liegt der erste Koinzidenzpunkt unmittelbar bei der in Abb. 20 zu sehenden „Scheinperiode" des Schwingungsverhältnisses 45:32.

Im pythagoreischen System wird die verminderte Quinte aus sechs Quinten abwärts (besser: Duodezimen abwärts, also: Faktor 3^{-6}) abgeleitet und hat das Schwingungsverhältnis

$$s = \frac{2^{10}}{3^6} = \frac{1024}{729} = 1,405.$$

Also ist $f_{es} = 1,405 \cdot 440 \, \text{Hz}$ mit der Periode $\tau_{es} = 1,618 \, \text{ms}$. Hier löst man also die Koinzidenzgleichung

$$n \tau_a - m \tau_{es} = 0 \Leftrightarrow n \, 1024 - m \, 729 = 0.$$

78

Der erste Koinzidenzpunkt liegt somit bei $729 \cdot \tau_a = 1024 \cdot \tau_{es} \cong 1657 \, \text{ms}$, also weit außerhalb des Hörbereichs.

Die übermäßige pythagoreische Quarte wird aus sechs Quinten aufwärts (besser Duodezimen aufwärts, also: Faktor 3^6) abgeleitet und hat das Schwingungsverhältnis

$$s = \frac{3^6}{2^9} = \frac{729}{512} = 1,424 \, .$$

Dem entspricht ein dis'' mit $f_{dis} = 1,424 \cdot 440 = 626 \, \text{Hz}$ mit der Periode $\tau_{dis} = 1,596 \, \text{ms}$. Hier löst man also die Koinzidenzgleichung

$$n \, \tau_a - m \, \tau_{es} = 0 \Leftrightarrow n \, 729 - m \, 512 = 0 \, .$$

Der erste Koinzidenzpunkt ist $512 \cdot \tau_a = 729 \cdot \tau_{es} \cong 1163 \, \text{ms}$ und liegt ebenfalls weit außerhalb des Hörbereichs.

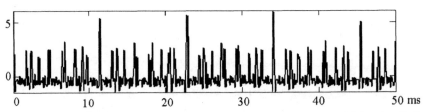

Abb. 22: Autokorrelationsfunktion des Tritonus 7:5 (mit den ersten sechs gleichstarken Teiltönen)

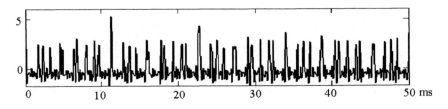

Abb. 23: Autokorrelationsfunktion des Tritonus 45:32 (mit den ersten sechs gleichstarken Teiltönen)

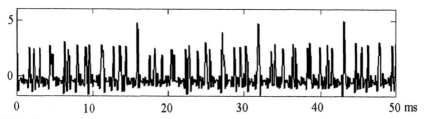

Abb. 24: Autokorrelationsfunktion des Tritonus 729:512 (mit den ersten sechs gleichstarken Teiltönen)

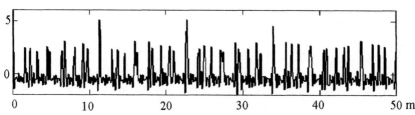

Abb. 25: Autokorrelationsfunktion des Tritonus 1024:729 (mit den ersten sechs gleichstarken Teiltönen)

Der Vergleich der Graphen der Autokorrelationsfunktionen für alle vier Schwingungsverhältnisse des Tritonus demonstriert den Einfluss von Verstimmungen und Stimmungssystemen auf die Periodizitätsanalyse. Die Abweichungen vom kleinsten Schwingungsverhältnis 7:5 führen zu Periodizitätsverlust, aber die Kurven bleiben bis auf Abb. 24 ähnlich.

Das Schwingungsverhältnis 729:312, wie es Abb. 24 zeigt, führt in der Summe aller sechs Teilschwingungen zu anderen Scheinperioden. Möglicherweise führen Fluktuationen in der Intonation deshalb zu einer unklaren Wirkung des Tritonus, da auch ein kurzzeitiger Wechsel in der Periodizitätswahrnehmng entsehen kann.

1.5.3. Folgerungen aus den Untersuchungen von Tramo, Cariani et al.

Die Untersuchungen von Tramo und Cariani et al. zeigen:

- die Frequenz wird neuronal durch eine Impulsfolge mit der Periode der Frequenz codiert,
- bei Intervallen als Testschall entstehen neuronale Feuermuster, die die Koinzidenz von Impulsfolgen der zugehörigen Perioden erkennen lassen.
- Die Maxima der Koinzidenzmuster entsprechen Tönen, die psychoakustisch und musikalisch relevant sind (Residualton, Basstöne, „Fundamental", etc.)

Damit erhalten aus der Perspektive der Neurologie Koinzidenztheorien der Konsonanz (vgl. 1.2.3, insbesondere Mikrorhythmus – Theorie 1.2.4), die es bekanntlich in verschiedener Ausformung seit der Antike gibt, eine neuerliche Rechtfertigung.

Zwei Probleme bleiben jedoch bestehen, nämlich ein theoretisches und ein praktisches:

1. Geht man bei der Darstellung von Impulsfolgen – wie in der Mathematik üblich - von Folgen diskreter δ - Impulse aus, stößt man in anderer Form auf das alte Problem, dass nur solche δ - Impulse koinzidieren, die exakt aufeinander treffen. Bei kleinsten Abweichungen verfehlen sich die Impulse. Am obigen Beispiel des Tritonus wird die Konsequenz deutlich: die starke „Schein"- Koinzidenz bei 11,4 ms existiert mathematisch nicht. Eine so aufgebaute Koinzidenztheorie würde rigide und damit falsch sein. Das Gehör hat ganz offensichtlich Toleranzbereiche und Zeitfenster für die Koinzidenzdetektion (vgl. 1.3.3).

2. Koinzidenz ist algebraisch ein elementares Problem, das sich auf die Lösung einer einfachen diophantischen Gleichung (vgl. (M-Gl. 1) und (M-Gl. 2)) zurückführen lässt. Die praktische Handhabung ist im Einzelfall jedoch oft sehr umständlich und aufwendig (vgl. 3.1.3.5).

Zu 1) Bildet man mathematisch eine unendliche Reihe von gleichstarken, harmonischen Obertönen als Summe nach, erhält man ein Gitter (vgl. 3.1.2). Dieses Gitter kann im Zeitbereich und im Frequenzbereich gebildet werden. Im Frequenzbereich zeigt es das Frequenzspektrum der Obertöne (M-Gl. 35), im Zeitbereich eine δ – Impulsfolge mit der Periode der Grundfrequenz (M-Gl. 34). Die mathematische Idealisierung liefert hier also eine zur neuronalen Kodierung von Schall analoge Konstruktion, wenn man von unendlich vielen, gleichstarken Obertönen ausgeht. In beiden Fällen steht aber die mathematisch – logische Idealisierung, die zum Verstehen eines Grundprinzips verhilft, einer realitätsnäheren Beschreibung im Wege.

Zu 2) Die Häufigkeitsverteilungen der ISI für Intervalle lassen sich mit zahlentheoretischen Überlegungen aus Impulsfolgen berechnen (vgl. 3.1.3). Für jedes Intervall erhält man ein vom Schwingungsverhältnis

$$s = \frac{p}{q}$$

abhängendes charakteristisches Muster in der Häufigkeitsverteilung (vgl. 3.1.3.6). Diese Häufigkeitsverteilungen entsprechen den Graphen der Autokorrelations-funktionen der Impulsfolgen (vgl. 3.6). Bequemer ist allerdings eine Berechnung einer Autokorrelationsfunktion mit dem Computer.

Von Cariani et al. werden die „all- order- ISI"- Histogramme auch Autokorrelogramme genannt, weil sie in ihrer Logik und Form der Autokorrelationsfunktion des Signals entsprechen. Tramo hat die neuronalen Antworten auf Intervalle im Hörnerv mit der Form der Autokorrelationsfunktion des Ausgangssignals verglichen und große Übereinstimmung gefunden (vgl. 1.5.1). Tatsächlich ist die Autokorrelationsfunktion ein mathematisches Werkzeug, das die periodische Struktur anzeigt. Bildet man sie für die Summe zweier Schwingungen verschiedener Frequenzen, so zeigen die Maxima der Autokorrelationsfunktion dann auch die gemeinsamen Perioden beider Schwingungen an, wie die Gleichungen (M-Gl. 95) und (M-Gl. 96) zeigen.

Die gemeinsamen Perioden können auch berechnet werden, wenn man die Koinzidenzpunkte der Perioden durch Kongruenz berechnet: man sucht dazu die kleinste, gemeinsame Periode, die dann den „fundamental"/ Grundton des Intervalls bildet (vgl. 3.1.1.3). Die Autokorrelationsfunktion der beiden Impulsfolgen leistet dasselbe wie die zahlentheoretische Koinzidenzberechnung. Da die Impulsfolge als Gitter im Zeitbereich (vgl. (M-Gl. 34) und das Frequenzspektrum als Gitter im Frequebereich per Fouriertransformation äquivalent sind (M-Gl. 36), zeigt die Autokorrelationsfunktion der beiden Impulsfolgen und die Autokorrelationsfunktion der beiden entsprechenden Schwingungen dieselben Perioden an.

Von praktischem Nutzen ist, dass sich der Graph der Autokorrelationsfunktion ohne Mühe mit jedem Computer berechnen lässt.

2. Das Modell der Allgemeinen Koinzidenz
2.1. Grundlagen der Modellbildung

Die Folgerungen aus den Untersuchungen von Tramo, Cariani et al. (2001, vgl. 1.5.3) und die Beschreibung der Periodizitätsanalyse im IC (*inferior colliculus*) durch Langner und Schreiner (1988, vgl. 1.3.5) bilden die Grundlage des Modells zur neuronalen Koinzidenz. Die Modellbildung beruht auf den folgenden Prämissen:

1. Frequenzen werden neuronal durch Impulsfolgen kodiert;
2. Die Impulse haben eine Unschärfe/ Ungenauigkeit, die sich in der Breite der Impulse zeigt;
3. Die Impulsfolgen werden einer Periodizitätsanalyse in einem neuronalen Autokorrelator unterzogen;
4. Die Periodenabtastung wird in den Einheiten des Autokorrelators phasensynchron durchgeführt;
5. Koinzidierende Perioden führen zu entsprechenden Mehrfacherregungen der Einheiten im Autokorrelator.

Diese Prämissen werden im Modell mathematisch nachgebildet. Dadurch ist es möglich, die Logik der neuronalen Periodizitätsanalyse zu analysieren und zu verstehen. Insbesondere wird deutlich, welche Perioden koinzidieren und wie häufig diese koinzidieren. Die mathematischen Mittel sind:

1. Die Impulse sind Wahrscheinlichkeitsdichtefunktionen, die von einem „Breite"- Parameter ε abhängen;
   Notation: $I_\varepsilon(t)$.
2. Ein Ton mit der Frequenz f wird durch eine äquidistante (endliche oder unendliche) Impulsfolge der Periode $T = f^{-1}$ dargestellt;

   Notation: $x(t) = \sum_n I_\varepsilon(t - nT)$.

3. Mehrere simultane Töne werden als Summe von äquidistanten Impulsfolgen aufgefasst. So ist das Intervall $J(t) = x_1(t) + x_2(t)$ aus den Tönen

$$x_1(t) = \sum_n I_\varepsilon(t - nT_1) \text{ und } x_2(t) = \sum_n I_\varepsilon(t - nT_2)$$

   die Summe zweier Impulsfolgen.
4. Zu den Summen der Impulsfolgen wird die Autokorrelationsfunktion gebildet. Aus ihr können koinzidierende Perioden abgelesen werden; Notation:

$\Gamma_\varepsilon(\tau)$ bei endlichen und $A_\varepsilon(\tau)$ bei unendlichen Impulsfolgen. Sie beschreibt die Periodizitätsanalyse eines Autokorrelators.

5. Da die Periodizitätsanalyse phasensynchron erfolgt, kann in (M-Gl. 215)/ (M-Gl. 216) $\varphi = 0$ angenommen werden, d. h. eine Zeitverschiebung der beiden Impulsfolgen gegeneinander fällt nicht ins Gewicht, weil sie nicht gemessen wird.

6. Die durchschnittliche Energie der Autokorrelationsfunktion wird bestimmt. Sie ist ein Maß für den Grad der Koinzidenz, der vom Schwingungsverhältnis s der Primärtöne abhängt; Notation: $\kappa(s)$. Je größer das allgemeine Koinzidenzmaß ist, umso stärker wird die neuronale Energie bei der Periodizitätsanalyse reduziert.

2.2. Autokorrelationsfunktionen von Impulsen und Impulsfolgen
2.2.1. Impulse als Wahrscheinlichkeitsdichtefunktionen
Im Modell ist ein Impuls $I(t)$ eine Wahrscheinlichkeitsdichtefunktion und hat die Eigenschaften, dass er positiv ist und dass

$$\int_{-\infty}^{\infty} I(t)dt = 1$$

wird (vgl. Papoulis [4]1986 S. 71/72 „density function"). Zu den Zeitpunkten t, an denen $I(t)$ sehr große Werte annimmt, ist es sehr wahrscheinlich, dass die Neuronen feuern. bei kleinen Werten feuern sie wahrscheinlich nicht. Dieser abstrakte Ansatz hat den Vorteil, dass beliebige Impulsformen und Feuermuster mit dem Modell beschrieben werden können.

Ein solcher Impuls $I(t)$ ist fouriertransformierbar, und darum lässt sich nach (M-Gl. 82) bzw. (M-Gl. 83) seine Autokorrelationsfunktion bilden. Daher eignen sich diese Impulse für ein mathematisches Modell, das eine Periodizitätsanalyse enthält.

Weiter können die Unschärfen in der neuronalen Verarbeitung berücksichtigt werden, indem man Impulse mit einer bestimmten Breite für den Unschärfebereich wählt. Als Parameter für diese Breite wird die Variable ε eingeführt: je kleiner ε ist, umso schmaler soll der Impuls sein. Das bedeutet mathematisch, dass für alle

$$t \neq 0 : \quad \lim_{\varepsilon \to 0} I_\varepsilon(t) = 0$$

wird. Dann konvergiert aber die Familie der Impulse $(I_\varepsilon(t))_\varepsilon$ im Sinne des allgemeinen Grenzwertes (vgl. 3.4.1) gegen den $\delta-$ Impuls (vgl. Papoulis 1962 S. 280):

$$\lim_{\varepsilon \to 0} I_\varepsilon(t) = \delta(t).$$

(Gl. 42)

Der $\delta-$ Impuls ist die mathematische Idealform eines Impulses, der keine Breite besitzt, sondern diskret ist:

$$\text{für} \quad t \neq 0: \quad \delta(t) = 0$$

(Gl. 43)

und die Eigenschaft hat, dass:

$$\int_{-\infty}^{\infty} \delta(t) dt = 1.$$

(Gl. 44)

In der weiteren Modellbildung wird der Rechteckimpuls der Breite ε gewählt und als Grenzwert für $\varepsilon \to 0$ der $\delta-$ Impuls als idealisierter Fall betrachtet. Andere Impulse verhalten sich „ähnlich" wie der Rechteckimpuls, da sie für $\varepsilon \to 0$ denselben Grenzwert $\delta(t)$ haben.

2.2.2 Impulsfolgen, Salvenprinzip und Autokorrelation

Neuere auditorische Modelle fassen die Basilarmembran als eine Filterbank, etwa aus Gammerton - Filtern auf (Patterson et al. 1988) und zerlegen das Gehör in eine Vielzahl von Frequenzkanälen (Meddis et al. 2001, Zhang et al. 2001). Diese Modelle sind dicht an den tatsächlichen physiologischen Bedingungen der neuronalen Schallverarbeitungen angelehnt und versuchen, diese zu simulieren (Meddis und Hewitt 1991; vgl. das DSAM (Developement System for Auditorx Modelling) des Centre for the Neural Basis of Hearing (CNBH) der Universitäten Cambridge und Essex). Zu diesen Bedingungen gehört, dass erregte Nervenzellen nach ihrer Aktivierung wieder in einen Erholungszustand (Refraktärperiode) zurückkehren. Daher werden in der mathematischen Beschreibung neuronaler Entladungen kurze Zeitfenster oder meist exponentielle Abklingfaktoren berücksichtigt. Die Impulsantwort des Gammatonfilters etwa

$$h(t) = b^\eta \, t^{(\eta-1)} \, e^{-2\pi b t} \cos(2\pi f_c t + \phi)$$

(Gl. 45)

hat den exponentiellen Abklingfaktor $e^{-2\pi bt}$ (vgl Hartmann [4]2000 S. 254). Folgerichtig versehen Autokoinzidenztheorien auch die implimentierten Autokorrelationsfunktionen mit exponentiellen Abklingfaktoren. Schon Fano (1950) teilt unter Berufung auf Licklider eine so gewichtete Autokorrelationsfunktion mit. Im DSAM ist eine entsprechende Autokorrelationsfunktion mit exponentiellem Abklingfaktor als Modul integriert.

Simuliert man die neuronale Verarbeitung in einzelnen Kanälen, so entspricht die Berücksichtigung von Abklingfaktoren den physiologischen Verhältnissen. Betrachtet man aber das auditorische System in seiner ganzen Breite, so können Abklingfaktoren wegen des Salvenprinzips unberücksichtigt bleiben (vgl. Wever 1949 S. 166ff). In der Summe entstehen kontinuierlich laufende, neuronale Impulsfolgen, solange eine Erregung stattfindet. Dementsprechend kann von beliebig langen Impulsfolgen ausgegangen werden, die einer kontinuierlichen Autokorrelation unterzogen werden.

Der Hörbereich umfasst maximal die Frequenzen von 20 Hz bis 20000Hz. Das entspricht einem Zeitbereich von etwa 50 ms. Es genügt also einen Zeitabschnitt von 50 ms aus den kontinuierlich laufenden Impulsfolgen zu untersuchen, um eine vollständigen Beschreibung der Periodizitätsanalyse durch einen Autokorrelator zu erhalten.

2.2.3 Korrelationsfunktionen von Rechteckimpulsfolgen

Ein Rechteckimpuls der Breite ε ist gegeben durch:

$$p_\varepsilon(t) := \begin{cases} 1 & |t| < \varepsilon \\ 0 & \text{sonst} \end{cases}$$

(Gl. 46)

Damit der Rechteckimpuls eine Wahrscheinlickeitsdichtefunktion ist, muss sein Integral den Wert 1 haben. Darum benutzt das Modell den Rechteckimpuls

$$I_\varepsilon(t) = \frac{1}{\varepsilon} p_{\frac{\varepsilon}{2}}(t).$$

(Gl. 47)

Der Rechteckimpuls $I_\varepsilon(t)$ ist positiv und das Integral ist 1:

$$\text{für alle } t: \quad I_\varepsilon(t) > 0 \quad \text{und} \quad \int_{-\infty}^{\infty} I_\varepsilon(t)dt = 1.$$

(Gl. 48)

Die Autokorrelationsfunktion des Rechteckimpulses $I_\varepsilon(t)$ ist ein Dreiecksimpuls der halben Breite ε und der Höhe ε^{-1}, also (vgl. Papoulis 1962 S. 243 und 3.5.1.3):

$$\Delta_\varepsilon(t) = \frac{1}{\varepsilon} q_\varepsilon(t),$$

(Gl. 49)

wobei $q_\varepsilon(t)$ als Dreiecksimpuls definiert ist durch:

$$q_\varepsilon(t) := \begin{cases} 1 - \dfrac{|t|}{\varepsilon} & |t| < \varepsilon \\[2mm] 0 & \text{sonst} \end{cases}$$

(Gl. 50)

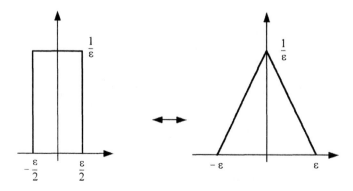

Abb. 26: Die Autokorrrelationsfunktion des Rechteckimpulses der Breite ε und der Höhe ε^{-1} (links) ist der Dreicks – Impuls mit der halben Breite ε und der Höhe ε^{-1} (rechts). Der Doppelpfeil stellt die Bildung der Autokorrelationsfunktion dar.

Sind zwei Rechteckimpulse gleicher halber Breite $\dfrac{\varepsilon}{2}$ zu den verschiedenen Zeitpunkten t_1, t_2 gegeben, so erhält man die Kreuzkorrelationsfunktionen (vgl: (M-Gl. 199)):

$$\gamma_{12}(\tau) = \varDelta_\varepsilon(\tau - (t_2 - t_1))$$
$$\gamma_{21}(\tau) = \varDelta_\varepsilon(\tau - (t_1 - t_2))$$

(Gl. 51)

Die Kreuzkorrelationsfunktionen sind also auch Dreiecksimpulse der halben Breite ε und der Höhe ε^{-1}. Die erste Kreuzkorrelationsfunktion $\gamma_{12}(\tau)$ rückt den Dreiecksimpuls um den Abstand der Rechteckimpulse aus dem Nullpunkt nach $(t_2 - t_1)$ und die zweite Kreuzkorrelationsfunktion $\gamma_{21}(\tau)$ um den negativen Abstand der Rechteckimpulse aus dem Nullpunkt nach $(t_1 - t_2)$.

Unter mehrfacher Anwendung von (Gl. 51) kann man für eine Folge von Rechteckimpulsen der Breite ε, die jeweils einen Mittenabstand T zueinander haben, die Autokorrelationsfunktion berechnen.

Ist etwa:

$$x(t) = \sum_n I_\varepsilon(t - nT) = \frac{1}{\varepsilon}\sum_n p_{\frac{\varepsilon}{2}}(t - nT),$$

(Gl. 52)

so erhält man als Autokorrelationsfunktion eine Impulsfolge aus Dreiecksimpulsen (vgl. Abb. 27 und Abb. 28).

Ist $x(t)$ eine endliche Folge mit dem Laufbereich $-N \leq n \leq N$:

$$x(t) = \sum_{n=-N}^{N} I_\varepsilon(t)$$

so ist ihre Autokorrelationsfunktion nach (M-Gl. 212):

$$\rho_\varepsilon(t) = \sum_{n=-2N}^{2N} \left(2N + 1 - |n|\right) \frac{1}{\varepsilon} q_\varepsilon(t - nT) = \sum_{n=-2N}^{2N} \left(2N + 1 - |n|\right) \Delta_\varepsilon(t - nT).$$

(Gl. 53)

Ist $x(t)$ eine unendliche Folge:

$$x(t) = \sum_{n=-\infty}^{\infty} I_\varepsilon(t),$$

so ist ihre Autokorrelationsfunktion nach (M-Gl. 213):

$$a_\varepsilon(t) = \sum_{n=-\infty}^{\infty} \frac{1}{T\varepsilon} q_\varepsilon(t - nT) = \sum_{n=-\infty}^{\infty} \frac{1}{T} \Delta_\varepsilon(t - nT).$$

(Gl. 54)

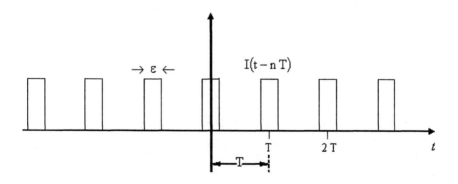

Abb. 27: Rechteckimpulsfolge der Periode T und der Impulsbreite ε.

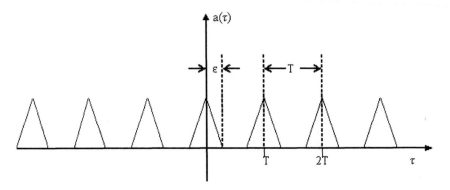

Abb. 28: Die Autokorrelationsfunktion einer Rechteckimpulsfolge ist eine Dreiecksimpulsfolge mit derselben Periode T.

2.2.4. Überdeckungsbereiche endlicher Impulse

Der Dreiecksimpuls ist im Zeitbereich beschrieben. Jeder Dreiecksimpuls überdeckt einen von ε abhängigen Bereich von Perioden. Es stellt sich die Frage, welche Frequenzen diesen Perioden entsprechen, d. h. welcher Frequenzbereich ist durch die Unschärfe erfasst (vgl. Schiff 1963). Diese Überlegungen gelten allgemein für Impulse im Zeitbereich mit endlicher Breite E, die also einen beschränkten Periodizitätsbereich überdecken. Solche Impulse erhält man u. a. auch, wenn man die Autokorrelationsfunktionen von Impulsen mit endlicher Breite bildet.

Ist im Zeitbereich ein Impuls mit der halben Breite E gegeben:

$$I_E(\tau) \geq 0 \quad \text{für } |\tau| \leq E \quad \text{und}$$

$$I_E(\tau) = 0 \quad \text{für } |\tau| > E$$

(Gl. 55)

Der Impuls an der Stelle τ_0 ist dann $I_E(\tau - \tau_0)$. Der Punkt $(\tau_0 - E)$ ist die „linke Ecke" und $(\tau_0 + E)$ die „rechte Ecke" des Impulses.

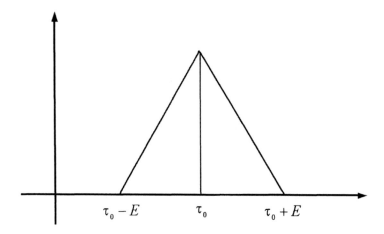

Abb. 29: Das Beispiel des Dreiecksimpulses mit der halben Breite E zeigt den Überdeckungsbereich der Perioden τ von $\tau_0 - E$ bis $\tau_0 + E$. Dem entspricht der Frequenzbereich B aus (Gl. 58)

Im Frequenzbereich erhält man als Kehrwert der Perioden die entsprechenden Frequenzen:

$$f_{max} = \frac{1}{\tau_0 - E}; \quad f_0 = \frac{1}{\tau_0}; \quad f_{min} = \frac{1}{\tau_0 + E}.$$

(Gl. 56)

Nimmt man nur positive Frequenzen an, so folgt auch:

$$f_{max} > 0 \Rightarrow \tau_0 - E > 0 \Rightarrow \tau_0 = \frac{1}{f_0} > E \Rightarrow f_0 < \frac{1}{E}.$$

(Gl. 57)

Ist also eine Breite E (etwa durch die Unschärfe der Größe ε) vorgegeben, so sieht man aus der Ungleichung, dass die Periodizitätsanalyse für die Frequenzen nach oben beschränkt ist durch die Zahl E^{-1}.

Für die Bandbreite B der vom Impuls abgedeckten Frequenzen gilt:

$$B = f_{max} - f_{min} = \frac{1}{\tau_0 - E} - \frac{1}{\tau_0 + E} = \frac{2E}{\tau_0^2 - E^2} = \frac{2E}{f_0^{-2} - E^2} = \frac{2E f_0^2}{1 - (E f_0)^2} .$$

(Gl. 58)

In Abhängigkeit von f_0 erhält man daraus die Funktion der Breite des vom Impuls abgedeckten Frequenzbandes:

$$B(f_0) = \frac{2E f_0^2}{1 - (E f_0)^2} ,$$

(Gl. 59)

Die Funktion $B(f_0)$ gibt an, wie groß für die gewählte Mittenfrequenz f_0 der Bereich der vom Impuls überdeckten Frequenzen ist. Sie hat eine Polstelle bei

$$f_0 = \pm \frac{1}{E} \left[s^{-1} \right].$$

(Gl. 60)

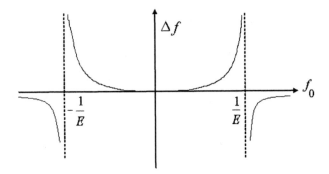

Abb. 30: Die Funktion $B(f_0)$ gibt bei vorgegebendem E für die halbe Impulsbreite des Impulses die Breite des abgedeckten Frequenzbereiches Δf in Abhängigkeit von der Impulsmitte τ_0 bzw. dem Kehrwert $f_0 = \tau_0^{-1}$ an.

Geht man von positiven Frequenzen und positiven Breiten B aus, so ist aber $f_0 < E^{-1}$ zu wählen (Gl. 57), da E^{-1} als Polstelle nicht mehr im Definitionsbereich von $B(f_0)$ liegt (vgl. Abb. 31):

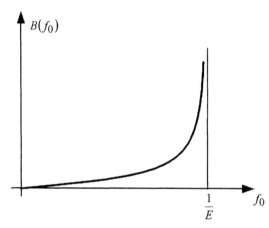

Abb. 31: Die Funktion $B(f_0)$ für positive Frequenzen. Auf der Abzisse sind die Mittenfrequenzen f_0 abgetragen. Auf der Ordinate kann für jedes f_0 die Breite $B(f_0)$ des Frequenzbereichs um f_0 abgelesen werden, den der Dreiecksimpuls mit der halben Breite E und der Impulsmitte $\tau_0 = f_0^{-1}$ überdeckt.

Die Funktion $B(f_0)$ zeigt:
je kleiner die Mittenfrequenz f_0 wird, umso kleiner wird der durch den Impuls der Halbbreite E überdeckte Frequenzbereich. Für kleinste Frequenzen geht er gegen Null; wird die Mittenfrequenz f_0 größer und nähert sich dem Wert E^{-1}, so wächst der überdeckte Frequenzbereich ins Unendliche.

Die Polstelle der Bandbreitenfunktion $B(f_0)$ zeigt, dass die Frequenzanalyse durch Periodizitätsanalyse (in Abhängigkeit von der Breite E des Impulses) für hohe Frequenzen entarten muss und damit für Frequenzen ab einer bestimmten Höhe nicht mehr möglich ist. Dem entspricht, dass nur für relativ niedrige Frequenzen bis höchsten 1000 Hz neuronale Periodizitätsanalysen beobachtet wurden. Für die Analyse im IC od. ICC (*inferior colliculus*) stellten Langner/ Schreiner (1988) fest (vgl. 1.3.4): "In the present study, ~80% of the recording sites had BMFs < 120 Hz [BMF – best modulation frequency], thus confirming a relatively low overall temporal resolution expressed by ICC neuronal responses. However, ... 20% of the recording sites in the ICC had BMFs > 120 Hz, including BMFs as high as ~1000 Hz." (Langner/ Schreiner 1988 S. 1814).

Bei einem (Dreiecks-) Impuls lässt sich bei vorgegebenem Wert der Unschärfe ε die Frequenz der Polstelle berechnen:

$$f_p = \frac{1}{E} = \frac{1}{\varepsilon}.$$

(Gl. 61)

Ist z. B. $\varepsilon = 0{,}8$ ms, wie in späteren Berechnungen, so ist

$$f_p = \frac{1}{0{,}0008\,\text{s}} = 1250\,\text{Hz},$$

ist $\varepsilon = 1{,}6$ ms, so ist

$$f_p = \frac{1}{0{,}0016\,\text{s}} = 625\,\text{Hz}.$$

Die Frequenzen, für die eine Periodizitätsanalyse dann noch möglich sein soll, müssen deutlich unter diesen Werten liegen.

2.2.5 Korrelationsfunktion des δ–Impulses und δ– Impulsfolgen

Da ein Klang, gebildet aus sinusförmigen harmonischen Teiltönen, die sämtlich in Phase sind, gegen ein Gitter konvergiert, wenn man die Anzahl der Teiltöne erhöht (vgl. 3.1.2), soll auch der Idealfall der Impulsfunktion $\delta(t)$ betrachtet werden.

Es kann auch für die δ - Funktion eine Autokorrelationsfunktion gebildet werden. Die δ - Funktion liefert mit $\delta(t - t_i)$ einen Impuls an der Stelle t_i. Die Autokorrelationsfunktion ist (vgl. Hartmann [4]2000 Gl. 7.22, (M-Gl. 201)):

$$\alpha(\tau) = \int_{-\infty}^{\infty} \delta(t - t_0)\delta(t + \tau \text{-} t_0)\,dt = \delta(\tau),$$

(Gl. 62)

und die Kreuzkorrelationen berechnen sich (vgl. (M-Gl. 202)):

$$\gamma_{12}(\tau) = \int_{-\infty}^{\infty} \delta(t - t_1)\,\delta(t + \tau - t_2)\,dt = \delta(\tau - (t_2 - t_1))$$

$$\gamma_{21}(\tau) = \int_{-\infty}^{\infty} \delta(t - t_2)\,\delta(t + \tau - t_1)\,dt = \delta(\tau - (t_1 - t_2))$$

(Gl. 63)

Die Autokorrelation liefert die δ - Funktion zurück, was der trivialen Feststellung entspricht, dass ein diskreter Impuls nur dann mit sich übereinstimmt, wenn man ihn nicht verschiebt. Die Kreuzkorrelationen zweier verschiedener Impulse zeigen ihren Abstand - von dem einen zum anderen und von dem anderen zum einen - in positiver und negativer Richtung an.

Stellt man sich einen Ton im Zeitbereich codiert als Folge von δ - Impulsen vor (vgl. Gitter, (M-Gl. 34)), so hat er die Form

$$x(t) = \sum_{n=-\infty}^{\infty} \delta(t - nT).$$

Der Abstand zwischen benachbarten Impulsen ist dabei $T = f^{-1}$, entspricht also der Periode der Tonhöhe. Die Autokorrelation von $x(t)$ ist (vgl. 2.3.1 (M-Gl. 230)):

$$a(\tau) = \int_{-\infty}^{\infty} x(t)\,x(t + \tau)\,dt = \frac{1}{T}\sum_{n=-\infty}^{\infty} \delta(\tau - nT)$$

(Gl. 64)

und zeigt somit alle möglichen Abstände zwischen den Einzelimpulsen an.

2.3 Autokorrelationsfunktion von Intervallen und Klängen.

2.3.1 Autokorrelation und Koinzidenz bei Intervallen

In der Koinzidenztheorie der Intervalle (Koinzidenz zweier Schwingungen) sucht man nach den Punkten, an denen die Perioden beider Primärtöne des Intervalls zusammentreffen (M-Gl. 16) und (M-Gl. 17). Dazu bestimmt man das kleinste gemeinsame Vielfache der Periodenlängen und erhält so die Länge der Periode, die beiden Primärtönen gemeinsam ist. Diese Periode ist dann die Periode der Summe der Primärtöne, die das Intervall bilden, also sozusagen die Periode des Intervalls, oder auch die Periode ihres gemeinsamen Subharmonischen.

Die Autokorrelation der Summe der Primärtöne des Intervalls lässt sich nach (Gl. 31) leicht berechnen: seien $x_1(t)$ und $x_2(t)$ die Funktionen, die die Primärtöne darstellen, dann ist die Autokorrelation $a(\tau)$ des mit diesen Tönen gebildeten Intervalls $J(t) = x_1(t) + x_2(t)$:

$$a(\tau) = \int J(t)\, J(t+\tau)\, dt = \int [x_1(t) + x_2(t)][x_1(t+\tau) + x_2(t+\tau)]\, dt$$

$$= \int [x_1(t)\, x_1(t+\tau) + x_1(t)\, x_2(t+\tau) + x_2(t)\, x_1(t+\tau) + x_2(t)\, x_2(t+\tau)]\, dt$$

$$= \int x_1(t)\, x_1(t+\tau)\, dt + \int x_1(t)\, x_2(t+\tau)\, dt + \int x_2(t)\, x_1(t+\tau)\, dt + \int x_2(t)\, x_2(t+\tau)\, dt$$

$$= a_1(\tau) + c_{12}(\tau) + c_{21}(\tau) + a_2(\tau)$$

$$\text{(Gl. 65)}$$

Die Autokorrelation des Intervalls $J(t) = x_1(t) + x_2(t)$ besteht also aus der Summe der beiden Kreuzkorrelationen $c_{12}(\tau)$ und $c_{21}(\tau)$ zwischen $x_1(t)$ und $x_2(t)$ und den beiden Autokorrelationen $a_1(\tau)$ von $x_1(t)$ und $a_2(\tau)$ von $x_2(t)$.

Ist T_0 das kleinste gemeinsame Vielfache der Perioden von $x_1(t)$ und $x_2(t)$, dann ist T_0 auch Periode der Kreuzkorrelationen, denn:

$$c_{12}(\tau + T_0) = \int x_1(t)\, x_2(t + \tau + T_0)\, dt = \int x_1(t)\, x_2(t + \tau)\, dt = c_{12}(\tau)$$

$$c_{21}(\tau + T_0) = \int x_2(t)\, x_1(t + \tau + T_0)\, dt = \int x_2(t)\, x_1(t + \tau)\, dt = c_{21}(\tau).$$

$$\text{(Gl. 66)}$$

Also ist T_0 (mit (Gl. 36) und (Gl. 66)) Periode der Autokorrelation $a(\tau)$ von $J(t) = x_1(t) + x_2(t)$. Für alle ganzen Zahlen n folgt wieder, dass $a(n T_0)$ absolutes Maximum von $a(\tau)$ ist (vgl. (M-Gl. 95)/ (M-Gl. 96)). Alle Koinzidenzpunkte des Intervalls erscheinen als absolute Maxima.

Werden zwei verschiedene Töne (ein musikalisches Intervall) als Impulsfolgen kodiert und bildet man die Summe aus beiden Impulsfolgen, so zeigt die Autokorrelationsfunktion dieser Summe alle Abstände zwischen allen Impulsen an und entspricht damit dem „all- order- ISI"- Histogramm bei Cariani (1996, vgl. 1.3.4.1 und 3.1.3).

Da alle Abstände angezeigt werden, ist der gewählte Startpunkt irrelevant. Das ist für eine neuronale Interpretation bedeutend, da periphere Laufzeitdifferenzen in der Verarbeitung durch Autokorrelation bzw. Koinzidenz-detektion offenbar kaum eine Rolle spielen (vgl. 1.3.4.1/ 1.3.4.2). Das Modell läßt sich mühelos auf beliebig viele Töne erweitern. Sieht man von einer Beschreibung nichtlinearer Phänomene, die beim Erklingen gleichzei-tiger und insbesondere dicht beieinander liegender Töne auftreten, wie der „ two tone suspression", (Yost 2000 S. 136 ff; vgl. Kanis, 1994) in dem Modell ab, so erscheinen mehrere gleichzeitig klingende Töne in der Kodierung als Summe von Impulsfolgen. Jede Impulsfolge hat dabei eine eigene, der Frequenz des Tons entsprechende Periode T_i.

$$x(t) = \sum_{n_1 = -\infty}^{\infty} \alpha_{n_1} I_\varepsilon(t - n_1 T_1) + \sum_{n_2 = -\infty}^{\infty} \alpha_{n_2} I_\varepsilon(t - n_2 T_2) + \sum_{n_3 = -\infty}^{\infty} \alpha_{n_3} I_\varepsilon(t - n_3 T_3) + \dots$$

$$= \sum_{i=1}^{M} \left(\sum_{n_i = -\infty}^{\infty} \alpha_{n_i} I_\varepsilon(t - n_i T_i) \right)$$

(Gl. 67)

Analog zur Korrelationsanalyse der höheren Gehörzentren (z.B. im IC, vgl. 1.3.3) kann auch von der zusammengesetzten Impulsfolge $x(t)$ die Autokorrela-tionsfunktion durch mehrfaches Anwenden der Gleichung (Gl. 35) gebildet wer-den.

Auch bei beliebig vielen Impulsfolgen als Summanden ist die Autokorrelati-on der zusammengesetzten Impulsfolge gleich der Summe aller Autokorrelati-onsfunktionen $a_n(\tau)$ und aller Kreuzkorrelationsfunktionen $c_{nm}(\tau)$:

$$a(\tau) = \sum_{n=0}^{N} a_n(\tau) + \sum_{n,m=0}^{N} c_{nm}(\tau) = \sum_{n=0}^{N} \left(a_n(\tau) + \sum_{m=0}^{N} c_{nm}(\tau) \right).$$

(Gl. 68)

Daher lassen sich die nachfolgenden Überlegungen bis einschließlich der Be-rechnung der Koinzidenzfunktion vom behandelten Fall zweier Impulsfolgen analog auf beliebig viele übertragen. Neben den Intervallen können auf gleiche Weise also auch Mehrklänge behandelt werden.

2.3.2 Intervalle aus δ-Impulsfolgen

Sei $J(t) = x_1(t) + x_2(t)$ ein aus δ-Impulsfolgen $x_1(t)$ und $x_2(t)$ gebildetes Intervall.

Im Fall endlicher δ-Impulsfolgen sind dann

$$x_1(t) = \sum_{n=-N}^{N} \delta(t - nT_1) \text{ und } x_2(t) = \sum_{m=-M}^{M} \delta(t - mT_2)$$

(Gl. 69)

mit dem Schwingungsverhältnis

$$s = \frac{T_1}{T_2} \Leftrightarrow T_2 = s^{-1}T_1$$

Man erhält dann die Autokorrelationsfunktion (M-Gl. 249):

$$\Gamma_\delta(\tau) = \sum_{n=-2N}^{2N} \left(2N + 1 - |n|\right)\delta(\tau - nT_1) + \sum_{m=-2M}^{2M} \left(2M + 1 - |m|\right)\delta(\tau - s^{-1} mT_1)$$

$$+ 2 \sum_{n=-N}^{N} \sum_{m=-M}^{M} \delta(\tau - (n - s^{-1} m)T_1)$$

(Gl. 70)

Ist aber $N = M = \infty$ und ist das Schwingungsverhältnis s irrational, so ist die Autokorrelationsfunktion nach (M-Gl. 250):

$$A_\delta(\tau) = \sum_{n=-\infty}^{\infty} \frac{1}{T_1}\delta(\tau - nT_1) + \sum_{n=-\infty}^{\infty} \frac{1}{sT_1}\delta(\tau - ns^{-1}T_1).$$

(Gl. 71)

Ist das Schwingungsverhältnis $s = \frac{p}{q}$ rational, so ist wie in (Gl. 6):

$$T_0 := \frac{1}{f_0} = kgV(T_1, T_2) \quad \text{und} \quad T_k := \frac{1}{f_k} = ggT(T_1, T_2),$$

und es wieder: $T_0 = pT_2 = q \cdot T_1 = pqT_k$. Nach (M-Gl. 251) erhält man als Autokorrelationsfunktion dann:

$$A_\delta(\tau) = \frac{1}{T_0}\left[\sum_{n=-\infty}^{\infty} p\,\delta(\tau - nqT_k) + \sum_{n=-\infty}^{\infty} q\,\delta(\tau - npT_k) + 2\sum_{n=-\infty}^{\infty} \delta(\tau - nT_k)\right].$$

(Gl. 72)

Berechnet man also mit einem Computer die Autokorrelationsfunktion für komplexe Töne mit vielen Teiltönen, erhält man eine gute Annäherung an die „all-order- ISI"- Funktion (vgl. die ISI-Histogramme der Abb. 18 – 21).

2.3.3 Intervalle aus Rechteckimpulsfolgen

Seien zwei Folgen von Rechteckimpulsen $I_\varepsilon(t)$ wie in (Gl. 47) mit der gleichen Breite ε und mit den Abständen T_1, T_2, (also den Perioden T_1, T_2) gegeben, wobei $T_2 = s^{-1} T_1$ ist, etwa:

$$x_1(t) = \sum_n I_\varepsilon(t - nT_1) \quad \text{und} \quad x_2(t) = \sum_m I_\varepsilon\left(t - ms^{-1}T_1\right),$$

(Gl. 73)

aus denen das Intervall $J(t) = x_1(t) + x_2(t)$, mit dem Schwingungsverhältnis s gebildet wird.

Für den Fall endlicher Laufbereiche $n \in [-N; N]$ und $m \in [-M; M]$ erhält man nach (M-Gl. 252) die Autokorrelationsfunktion $\Gamma_\varepsilon(\tau)$:

$$\Gamma_\varepsilon(\tau) = \sum_{n=-2N}^{2N}(2N+1-|n|)\Delta_\varepsilon(\tau - nT_1) + \sum_{m=-2M}^{2M}(2M+1-|m|)\Delta_\varepsilon(\tau - s^{-1}mT_1)$$

$$+ 2\sum_{n=-N}^{N}\sum_{m=-M}^{M}\Delta_\varepsilon(\tau - (n - s^{-1}m)T_1)$$

(Gl. 74)

100

Sind die Laufbereiche unendlich, und ist das Schwingungsverhältnis s irrational, so ist nach (M-Gl. 254) die Autokorrelationsfunktion $A_\varepsilon(\tau)$:

$$A_\varepsilon(\tau) = \sum_{n=-\infty}^{\infty} \frac{1}{T_1} \Delta_\varepsilon(\tau - nT_1) + \sum_{n=-\infty}^{\infty} \frac{1}{sT_1} \Delta_\varepsilon(\tau - ns^{-1}T_1).$$

(Gl. 75)

Sind die Laufbereiche unendlich, und ist das Schwingungsverhältnis

$$s = \frac{p}{q}$$

rational, so ist $T_2 = s^{-1}T_1$. Sei dann wieder $T_0 := kgV(T_1, T_2)$ und $T_k := ggT(T_1, T_2)$ (vgl (Gl. 6)), so gilt: $T_0 = pT_2 = q \cdot T_1 = pqT_k$. Mit diesen Bezeichnungen ist nach (M-Gl. 256) die Autokorrelationsfunktion $A_\varepsilon(\tau)$:

$$A_\varepsilon(\tau) = \frac{1}{T_0} \left[\sum_{n=-\infty}^{\infty} p\, \Delta_\varepsilon(\tau - nqT_k) + \sum_{n=-\infty}^{\infty} q\, \Delta_\varepsilon(\tau - npT_k) + 2\sum_{n=-\infty}^{\infty} \Delta_\varepsilon(\tau - nT_k) \right].$$

(Gl. 76)

Die Autokorrelationsfunktionen $\Gamma_\varepsilon(\tau)$ bzw. $A_\varepsilon(\tau)$ ist also eine Serie von Dreiecksfunktionen, die sich mehr oder weniger stark überlappen.

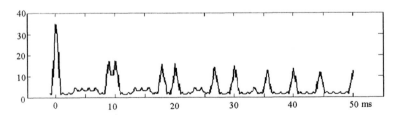

Abb. 32: Autokorrelationsfunktion der großen Sekunde a=9/8 und Perioden τ von 0 ms, bis zu 50 ms, entsprechend 20 Hz. (N=M=6); Bezugsfrequenz 100 Hz.. An den hohen Spitzen werden die Überlappungsbereiche deutlich.

2.4. Koinzidenzfunktion und Allgemeines Koinzidenzmaß
2.4.1 Verallgemeinerung des Koinzidenzbegriffs

Bei den Intervallen aus $\delta-$ Impulsfolgen können die koinzidierenden Perioden durch zahlentheoretische Berechnungen bestimmt werden (3.1.3) oder an der Autokorrelationsfunktion abgelesen werden (vgl. (Gl. 72)). Im mathematischen Teil wird aus dem Abzählen der ISI und aus der Autokorrelationsfunktion ein Koinzidenzmaß für ganzzahlige Schwingungsverhältnisse abgeleitet, das den Grad angibt, wie oft die Impulse zweier Impulsfolgen mit verschiedenen Perioden im Durchschnitt zusammentreffen (3.7.2 (M-Gl. 49)/ (M-Gl. 275)). Dieses Maß ist ein aus dem hier entwickelten Modell abgeleitetes Pendant zu Eulers *gradus suavitatis*, den er mit der Γ- Funktion berechnet (vgl. Mazzola 1990 S. 56f).

Auch Impulsfolgen aus Impulsen bestimmter Breite ε, wie etwa der Rechteckimpuls $I_\varepsilon(t)$, zeigen Koinzidenzen in einem allgemeineren Sinn: die Impulse zweier Impulsfolgen mit verschiedenen Perioden treffen teilweise oder vollständig aufeinander. Auch hier können koinzidierende Perioden aus der Autokorrelationsfunktion (Gl. 76) abgelesen werden und durch Verallgemeinerung des Koinzidenzbegriffs kann ein Koinzidenzmaß gebildet werden. Dabei verwende ich als Maß die durchschnittliche Energie der Autokorrelationsfunktion.

2.4.2 Das Allgemeine Koinzidenzmaß für Zweiklänge

Ein geeignetes Maß für die allgemeine Koinzidenz eines Intervalls mit einem vorgegebenen Schwingungsverhältnis s erhält man, wenn man das Integral über dem Quadrat der Autokorrelationsfunktion $\Gamma_\varepsilon(\tau)$ bei endlichen Impulsfolgen, bzw. $A_\varepsilon(\tau)$ bei unendlichen Impulsfolgen bildet:

$$\kappa_\varepsilon := \int (\Gamma_\varepsilon(\tau))^2 d\tau \quad \text{bzw.} \quad \kappa_\varepsilon := \int (A_\varepsilon(\tau))^2 d\tau .$$

(Gl. 77)

Durch die Quadratbildung werden die Überlappungsbereiche gegenüber den Bereichen ohne Überlappung hervorgehoben, so dass ihr Beitrag zum Wert des Integrals erhöht ist. Große Überlappungsbereiche machen also das Integral größer. Statt der Quadratbildung kann auch eine andere überproportional wachsende Funktion, d. h. eine Funktion, deren erste und zweite Ableitung größer Null sind, verwendet werden. Im physikalischen Sinn erhält man durch Quadratbildung und Integration nach (Gl. 77) die durchschnittliche Energie der Autokorrelationsfunktion (vgl. 3.7.2).

So, wie die Koinzidenz bei δ – Impulsfolgen vom Verhältnis der beiden Perioden T_1 und T_2, abhängt (vgl. (Gl. 2)), so hängt auch das allgemeine Koinzidenzmaß von jeweils gewählten Schwingungsverhältnis s ab.

2.4.3 Definition der Allgemeinen Koinzidenzfunktion

Weil auch der Wert von κ_ε vom Schwingungsverhältnis s abhängt, bildet man jedes Schwingungsverhältnis s auf das zugehörige Koinzidenzmaß κ_ε ab und definiert durch:

$$\kappa_\varepsilon(s) := \int_\alpha^\beta A_\varepsilon^2(s;\tau)d\tau \quad \text{bzw.} \quad \kappa_\varepsilon(s) := \int_\alpha^\beta \Gamma_\varepsilon^2(s,\tau)$$

(Gl. 78)

die allgemeine Koinzidenzfunktion über dem Intervall $[\alpha;\beta]$. Jedem Schwingungsverhältnis

$$s = \frac{T_1}{T_2}$$

ordnet sie ein Maß für die allgemeine Koinzidenz zu, das sich für jedes s aus dem Grad der Überlappung der die Autokorrelation bildenden Dreiecke nach (Gl. 77) errechnet.

Wählt man für s die Zahlen zwischen 1 und 2, so sind die Schwingungsverhältnisse aller Intervalle innerhalb einer Oktave beschrieben.

Die allgemeine Koinzidenzfunktion stellt also eine Verallgemeinerung des Koinzidenzbegriffs dar. Es wird möglich, neben der strickten, ganzzahligen Koinzidenz diskreter Werte – in diesem Fall der Perioden von diskreten δ- Impulsfolgen – einen Toleranzbereich ε für die Koinzidenz zuzulassen. Statt die bloße Anzahl der Koinzidenzen abzuzählen, wird das allgemeinere Maß

$$\int \Gamma_\varepsilon^2(s,\tau) \quad \text{bzw.} \quad \int A_\varepsilon^2(s,\tau)$$

für jedes Schwingungsverhältnis s eingeführt. Aufgrund der Quadrierung ist dieses Maß bei starken Überlappungen groß und bei geringen Überlappungen nimmt es vergleichsweise kleine Werte an. Der Vorteil dieser Bemaßung besteht darin, dass sie für alle Schwingungs-verhältnisse s berechnet werden kann. Bei Abweichungen vom ganzzahligen Schwingungsverhältnissen kann immer noch die Koinzidenz berechnet werden. Dadurch ergeben sich stetige Übergänge im Koinzidenzmaß zwischen Konsonanzen und Dissonanzen. Physiologische und individuelle Unschärfen können im Modell berücksichtigt werden.

Die für das menschliche Ohr hörbaren Frequenzen liegen zwischen 20 Hz und 20000 Hz. Die zugehörigen, hörrelevanten Perioden τ liegen also zwischen $\tau = 0,05\,\text{ms} \approx 0\,\text{ms}$ und 50 ms. Bildet man demzufolge das Integral

$$\int_0^{50} \Gamma^2(s,\tau)\ \text{bzw.} \int_0^{50} A^2(s,\tau)$$

zur Bestimmung des Koinzidenzmaßes, so erhält man für jedes Schwingungsverhältnis s die durchschnittliche Überlappung im gesamten Hörbereich.

Das folgende Bild gibt die allgemeine Koinzidenzfunktion bei Rechteckimpulsfolgen für die Schwingungsverhältnisse $s = 1$ bis $s = 2$ bei einer Unschärfe von $\varepsilon = 0,8\,\text{ms}$ wieder (berechnet mit Gleichung (M-Gl. 299), wobei $\Gamma_\varepsilon(s,\tau)$ nach (M-Gl. 298) gebildet wurde):

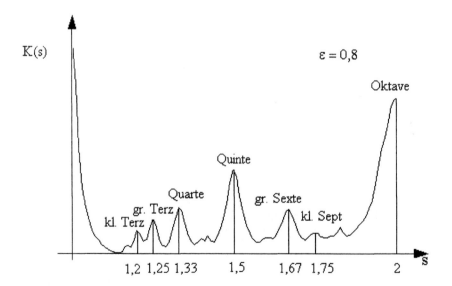

Abb. 33: allgemeine Koinzidenzfunktion $K(s)$ für alle Intervalle innerhalb einer Oktave; $\varepsilon = 0,8$ ms, berechnet auf der Grundlage von Rechteckimpulsen.

Der Graph der allgemeinen Koinzidenzfunktion zeigt relative Maxima für die Schwingungsverhältnisse der musikalisch bedeutenden Intervalle:

$s = \dfrac{1}{1} = 1$	Prim	$s = \dfrac{8}{5} = 1{,}6$	Kleine Sexte
$s = \dfrac{2}{2} = 2$	Oktave	$s = \dfrac{7}{4} = 1{,}75$	Kleine Septime
$s = \dfrac{3}{2} = 1{,}5$	Reine Quinte	$s = \dfrac{10}{7} = 1{,}43$	Übermäßige Quarte
$s = \dfrac{4}{3} = 1{,}33$	Reine Quarte	$s = \dfrac{7}{5} = 1{,}4$	Verminderte Quinte
$s = \dfrac{5}{4} = 1{,}25$	Große Terz	$s = \dfrac{15}{8} = 1{,}875$	Große Septime
$s = \dfrac{6}{5} = 1{,}2$	Kleine Terz	$s = \dfrac{8}{7} = 1{,}143$	Große Sekunde
$s = \dfrac{7}{6} = 1{,}17$	Kleine Terz	$s = \dfrac{9}{8} = 1{,}125$	Große Sekunde
$s = \dfrac{5}{3} = 1{,}66$	Große Sexte	$s = \dfrac{16}{15} = 1.07$	Kleine Sekunde

Tabelle 3: Die Schwingungsverhältnisse der musikalisch wichtigen Intervalle.

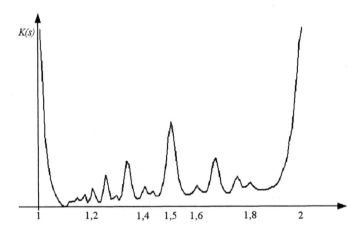

Abb. 34: allgemeine Koinzidenzfunktion für alle Intervalle innerhalb einer Oktave; berechnet auf der Grundlage von Gauss-Impulsen.

Aus Abb. 34 kann abgelesen werden, welchen Einfluss die Impulsform auf die Koinzidenzfunktion hat. Sie zeigt die allgemeine Koinzidenzfunktion, die auf der Grundlage von Gauss-Impulsen gebildet wurde. Hierbei ist ε ein Maß für die Varianz der Gauss- Glocke. Der Graph hat zwar einen etwas anderen Verlauf, ist aber in Bezug auf Konsonanzen/ Dissonanzen qualitativ gleich.

Abb. 33 und Abb. 34 zeigen, dass die konsonanteren Intervalle bei beiden Impulsformen größere, relative Maxima in der allgemeinen Koinzidenzfunktion haben. Beide Bilder zeigen einen Verlauf, der der aus der musikalischen Praxis bekannten Tatsache entspricht, dass kleine Verstimmungen aus den idealen Zahlenverhältnissen für das Intervallempfinden nur von geringem Einfluss sind. Damit wird durch das Konzept der verallgemeinerten Koinzidenz der Widerspruch althergebrachter Koinzidenztheorien aufgelöst, nach denen kleinste Abweichungen von den idealen Schwingungsverhältnissen zu komplizierten Brüchen und damit starken Dissonanzen führen müssten (1.2.3). Da beide Impulsformen dasselbe Konvergenzverhalten zeigen (vgl. 3.4), ist es nicht überraschend, dass sich beide Graphen qualitativ gleichen.

2.4.4 Konvergenz der Allgemeinen Koinzidenzfunktion

Betrachtet man die allgemeine Koinzidenzfunktion für Rechteckimpulsfolgen verschiedener Impulsbreiten ε, so sieht man, dass sich die Koinzidenzkurven mit kleiner werdendem ε einem gitterartigen, also diskreten Impulsmuster annähern.

Die folgenden Abbildungen zeigen die Graphen der Koinzidenzfunktionen für verschiedene Werte von ε, die zwischen $\varepsilon = 0,2$ ms und $\varepsilon = 2,4$ ms liegen; Ausgangsperiode $T_0 = 10\,\text{ms}$.

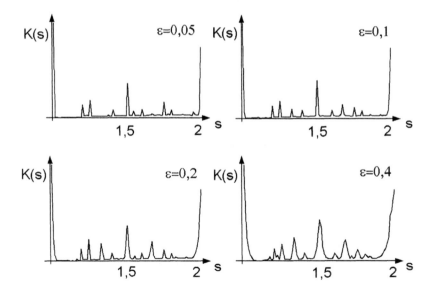

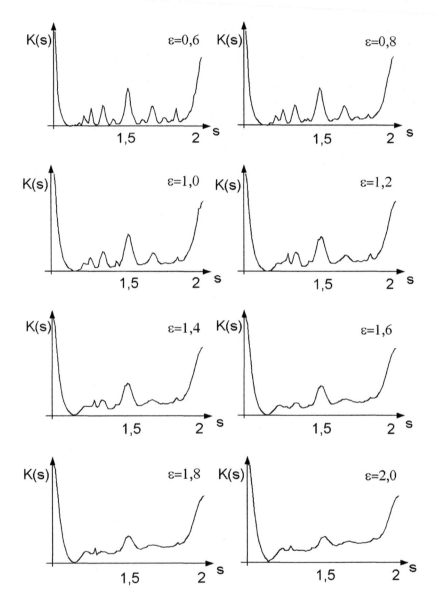

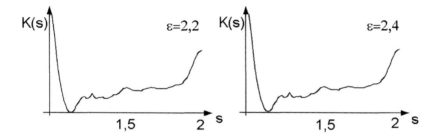

Abb. 35: allgemeine Koinzidenzfunktionen für alle Intervalle innerhalb einer Oktave bei verschiedenen Werten der Unschärfe von $\varepsilon = 0{,}2$ ms bis $\varepsilon = 4{,}0$ ms.

Es stellt sich also die Frage, in welcher Beziehung der Rechteckimpuls mit der Breite ε zur δ- Funktion steht.

Man kann zeigen, dass eine Familie positiver Funktionen $(f_n)_n$ mit der Eigenschaft:

$$\int_{-\infty}^{\infty} f_n(t)\,dt = 1 \text{ (für alle n) und } \lim_{n\to\infty} f_n(t) = 0 \text{ für } t \neq 0$$

(Gl. 79)

gegen $\delta(t)$ konvergiert (vgl. Papoulis 1962 S. 280):

$$\lim_{n\to\infty} f_n(t) = \delta(t).$$

(Gl. 80)

Ein Rechteckimpuls, der die Eigenschaften (Gl. 79) erfüllt, ist der oben benutzte Rechteckimpuls (vgl. (Gl. 47)/ (Gl. 48)):

$$I_\varepsilon(t) := \frac{1}{\varepsilon}\, p_{\frac{\varepsilon}{2}}(t).$$

(Gl. 81)

Dann ist also

$$\lim_{\varepsilon\to 0} I_\varepsilon(t) = \delta(t).$$

(Gl. 82)

Die Autokorrelationsfunktion von $I_\varepsilon(t)$ ist die Dreiecksfunktion :

$$\Delta_\varepsilon(t) = \frac{1}{\varepsilon} q_\varepsilon(t).$$

Auch die Funktion $\Delta_\varepsilon(t)$ ist positiv und erfüllt die Bedingungen der (Gl. 79), weshalb auch gilt:

$$\lim_{\varepsilon \to 0} \Delta_\varepsilon(t) = \delta(t).$$

(Gl. 83)

Geht man also von zwei Impulsfolgen, gebildet aus Impulsen der Form $I_\varepsilon(t)$, aus:

$$x_\varepsilon(t) = \sum_{n=-N}^{N} I_\varepsilon(t-nT) \text{ und } y_\varepsilon(t) = \sum_{m=-M}^{M} I_\varepsilon(t-ms^{-1}T),$$

(Gl. 84)

so konvergiert das Intervall aus der Summe beider Impulsfolgen gegen das Intervall aus den entsprechenden diskreten Impulsfolgen:

$$\lim_{\varepsilon \to \infty} J_\varepsilon(t) = \lim_{\varepsilon \to \infty} (x_\varepsilon(t) + y_\varepsilon(t)) = \sum_{n=-N}^{N} \delta(t-nT) + \sum_{m=-M}^{M} \delta(t-ms^{-1}T) = J_\delta(t).$$

(Gl. 85)

$J_\delta(t)$ repräsentiert also dasselbe Intervall, wie $J_\varepsilon(t)$, nur werden diskrete δ-Impulse statt der Rechteckimpulse benutzt; $J_\delta(t)$ hat also keine Unschärfebereiche. Da die Autokorrelationsfunktion bei Rechteckimpulsfolgen aus Impulsen der Form $\Delta_\varepsilon(t)$ gebildet wird (2.3.3), konvergiert diese auch gegen die entsprechende Autokorrelation aus δ-Impulsen. Für endliche N, M gilt (vgl. (M-Gl. 253)):

$$\lim_{\varepsilon \to 0} \Gamma_\varepsilon(\tau) = \Gamma_\delta(\tau)$$

(Gl. 86)

und für $N = M = \infty$ (vgl. (M-Gl. 255)/ (M-Gl. 257)):

$$\lim_{\varepsilon \to 0} A_\varepsilon(\tau) = A_\delta(\tau).$$

(Gl. 87)

Man erhält also das folgende kommutierende Diagramm

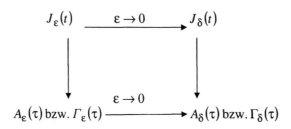

Die allgemeine Koinzidenzfunktion $A_\varepsilon(\tau)$ bzw. $\Gamma_\varepsilon(\tau)$ wird für jedes Schwingungsverhältnis s gebildet. Man kann also das Schwingungsverhältnis s, als zweite Variable einführen (vgl. 2.4.3 und (Gl. 78)) und erhält so die Funktionen $A_\varepsilon(s;\tau)$ bzw. $\Gamma_\varepsilon(s;\tau)$:

$$\kappa(s) := \int_\alpha^\beta A_\varepsilon^2(s;\tau)d\tau \quad bzw. \quad \kappa(s) := \int_\alpha^\beta \Gamma_\varepsilon^2(s,\tau)$$

(Gl. 88)

Da $A_\varepsilon(s;\tau)$ bzw. $\Gamma_\varepsilon(s;\tau)$ Folgen der Dreiecksimpulsfunktion $\Delta_\varepsilon(\tau)$ sind, erhält man mit $A_\varepsilon^2(s;\tau)$ bzw. $\Gamma_\varepsilon^2(s;\tau)$ eine Folge aus Impulsen der Form $\Delta_\varepsilon^2(\tau)$. Da aber

$$h := \int_{-\infty}^{\infty} \Delta_\varepsilon^2(\tau)d\tau = \frac{2}{3}\varepsilon$$

(Gl. 89)

ist, kann $\kappa(s)$ nicht gegen den diskreten Fall der allgemeinen Koinzidenzfunktion bei δ-Impulsfolgen konvergieren, da dafür das Integral gleich 1 sein muß (vgl. (Gl. 79)). Korrigiert man aber $\kappa(s)$ um dem Faktor h^{-1}, so erhält man die Funktion

$$K_\varepsilon(s) := h^{-1} \kappa_\varepsilon(s) = \frac{3\varepsilon}{2} \kappa_\varepsilon(s) = \int_{-\infty}^{\infty} \frac{3\varepsilon}{2} \Gamma_\varepsilon^2(s;\tau)d\tau$$

bzw.

$$K_\varepsilon(s) := \lim_{T\to\infty} \frac{1}{2T} \int_{-T}^{T} \frac{3\varepsilon}{2} A_\varepsilon^2(s;\tau)d\tau$$

(Gl. 90)

als Maßfunktion der Koinzidenz für alle Schwingungsverhältnisse s bei Rechteckimpulsen der Breite ε.

Für periodische Funktionen mit ganzzahligem Schwingungsverhältnis s existieren teilerfremde, positive ganze Zahlen p und q, so dass

$$s = \frac{p}{q}.$$

Dann ist wieder:

$$T_0 = pT_2 = qT_1 \text{ und } T_k = \frac{T_0}{pq} = \frac{T_2}{q} = \frac{T_1}{p} = ggT(T_1;T_2))$$

Es gilt dann:

$$\lim_{\varepsilon\to 0} K_\varepsilon\left(\frac{p}{q}\right) = \kappa_\delta\left(\frac{p}{q}\right) = \frac{1}{T_0^2}\left(p^3 + q^3 + 6pq + 4p^2 + 4q^2\right)$$

(Gl. 91)

(vgl. (M-Gl. 49)/ (M-Gl. 275) und (M-Gl. 296)sowie (M-Gl. 275)).

Für die ganzzahligen Schwingungsverhältnisse wird so ein Koinzidenzmaß berechnet, dass der Gamma – Funktion von Gauß entspricht. Der diskrete Fall ganzzahliger Schwingungsverhältnisse ist daher als idealisierter Grenzfall erklärt. Die zu berücksichtigenden Unschärfen führen nicht zu einer prinzipiell anderen Situation. Damit ist gezeigt, dass das Konzept der Koinzidenz für die Konsonanztheorie aufrechterhalten werden kann, wenn man die verallgemeinerte Koinzidenz einführt.

Damit erweitert sich das Diagramm für ganzzahlige Schwingungsverhältnisse zu:

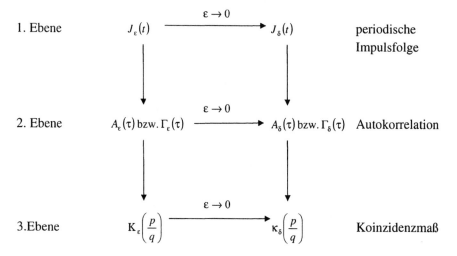

1. Ebene $\quad J_\varepsilon(t) \xrightarrow{\varepsilon \to 0} J_\delta(t) \quad$ periodische Impulsfolge

2. Ebene $\quad A_\varepsilon(\tau)\, \text{bzw.}\, \Gamma_\varepsilon(\tau) \xrightarrow{\varepsilon \to 0} A_\delta(\tau)\, \text{bzw.}\, \Gamma_\delta(\tau) \quad$ Autokorrelation

3.Ebene $\quad K_\varepsilon\!\left(\dfrac{p}{q}\right) \xrightarrow{\varepsilon \to 0} \kappa_\delta\!\left(\dfrac{p}{q}\right) \quad$ Koinzidenzmaß

2.4.5 Zur Wahl geeigneter Impulsbreiten ε

Es gibt Hinweise darauf, wie groß ε gewählt werden sollte, um die neuronalen Prozesse annähernd zutreffend zu beschreiben:

1. In Langners Modell der neuronalen Periodizitätsanalyse im IC wird durch die innere Oszillation ein schmales Zeitfenster zur Koinzidenzprüfung geöffnet. „The periods of the intrinsic oscillations have preferred values of 0,8 ms or greater integral multiples of 0,4 ms,..." (Langner 1985 S. 114). Diese bei Perlhühnern gemessenen Werte werden durch Messungen an Katzen bestätigt (vgl. Langner/ Schreiner 1988 S. 1809 und S. 1813): „The highest peaks of the distribution are at intervals of 1.2, 1.6, 2.0 and 2.4 ms.". Alle Koinzidenz-funktionen in diesem ε- Bereich zeigen deutlich die Form von Stumpfs „System der Verschmelzungsstufen in einer Curve" (Stumpf, 1890/ 1965 S. 1758).

2. Als oberste Grenze für die beobachtete Periodizitätsdetektion wird etwa 800 Hz bis 1000 Hz angegeben. Diese Werte kann man mit den Breiten der Drei-ecksimpulse in der Autokorrelationsfunktion der Rechteckimpulsfolge in Verbindung bringen (vgl. 2.2.4). Die Bandbreitenfunktion $B(f)$ zeigt eine Pol-stelle für $f_0 = E^{-1}$, wobei $\varepsilon = E$ ist. Für Frequenzen größer als f_0 ist die Funktion eine negative Hyperbel und die Periodizitätsanalyse unmöglich (vgl. Abb. 30). Nur für Frequenzen, die hinreichend kleiner als f_0 sind, ist die Pe-riodizitätsanalyse mit der Autokorrelationsfunktion aus Dreiecksimpulsen

sinnvoll (vgl (Gl. 57)). Ist $E = \varepsilon = 0,8$ ms, dann ist $f_0 = 1250$ Hz, ist $E = \varepsilon = 4$ ms, so ist $f_0 = 250$ Hz.

Aus den von Langner veröffentlichten Abbildungen für die Antworten aus der Periodizitätsanalyse lässt sich eine Breite für $2E$ zwischen 1 ms und 5 ms ablesen, was ε – Werten zwischen etwa 0,5 ms und 2,5 ms oder Polstellen zwischen 2000 Hz und 400 Hz entspricht.

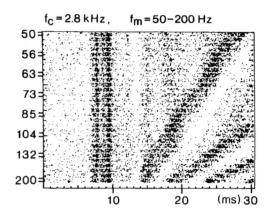

Abb. 36: Die Abbildung zeigt die Reaktionen einer Einheit im Mittelhirn des Perlhuhns auf amplitudenmodulierte Signale einer festen Trägerfrequenz f_c und verschiedener Modulationsfrequenzen f_m. Der lineare Zusammenhang zwischen Antwortszeit und der Modulationsfrequenz demonstriert die Periodizitätsdetektion. Die Entladungen zeigen Breiten von 1 – 5 ms (aus: Langner 1985 S. 114. Mit freundlicher Genehmigung der Springer-Verlag GmbH, Heidelberg)

2.4.6 Analogien zwischen Modell und Beobachtungen

Neben der Beobachtung, dass die Periodizitätsanalyse durch Koinzidenz eine Breite zeigt, die durch statistische Streuung der Neuronenentladungen entsteht, erkennt man in den Abbildungen Abb. 36 und Abb. 37 deutlich, dass die neuronalen Antworten dieselben Perioden haben, wie die Modulationsfrequenzen der Signale. Hier zeigt sich eine Analogie zur Autokorrelationsfunktion. Auch die Autokorrelationsfunktion, hat dieselbe Periode, wie das Signal (vgl. 1.4.4 (Gl. 36)). Darüber hinaus ist die Form des Impulsmusters, das sich aus einem Cluster von feuernden Neuronen ergibt, bemerkenswert. Es zeigt sich eine in etwa dreieckige Form der Verteilung der Neuronenentladungen. Hier korrespondiert die Abbildung Abb. 37 mit den Dreiecksimpulsen (als Wahrscheinlichkeitsdichtefunktionen) der Autokorrelationsfunktionen für Impulsfolgen aus Rechteckimpulsen. Für hohe Modulationsfrequenzen haben diese Dreiecke eine geringere Breite. Dadurch wird eine Periodizitätsdetektion für höhere Frequenzen ermöglicht, da die geringere Breite in der Funktion $B(f_0)$ (vgl. 2.4.4 (Gl. 59)) zu einer höher liegende Polstelle führt (vgl. (Gl. 60). Weiter haben Langner/ Schreiner festgestellt, dass die Neuronenaktivität mit der Hüllkurve des Signals synchronisiert ist: „For many neurons, the BMF [best modulation frequency] was also characterized by a strong synchronisation to the signal envelope." (Langner/ Schreiner 1988 S. 1804). Diese Synchronisation ist auf die Funktion des Triggerneurons zurückzuführen (vgl. 1.3.4.2) und entspricht der Eigenschaft der Autokorrelationsfunktion, keine Phasen zu haben (vgl. 1.4.1 und (M-Gl. 86)/ (M-Gl. 97).

PERIODICITY CODING IN THE ICC

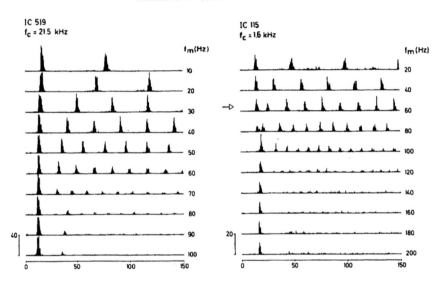

Abb. 37: Die Abbildung zeigt gemessene Feuermuster von zwei Einheiten im colliculus inferior als Antwort auf zehn verschiedene Modulationsfrequenzen f_m. Die Entladungen sind nicht punktuell, sondern zeigen Breiten im Millisekundenbereich (aus Langner & Schreiner 1988 S. 1803. Used with permission of The American Physiological Society).

2.5. Allgemeine Koinzidenzfunktion und Tonverschmelzung
2.5.1 Koinzidenz, neuronale Energie und Tonverschmelzung
Die hier vorgeschlagene allgemeine Koinzidenzfunktion (vgl. 2.4.3 und 3.7.3.1) ist das Ergebnis mathematischer Betrachtungen zur „Logik" statistisch zu erfassender, neuronaler Impulsfolgen, die einer Periodizitätsanalyse unterzogen wer-

den. Die in die Berechnung miteinbezogenen Unschärfen der „Zeitfenster" ergeben Übergänge zwischen Konsonanzen und Dissonanzen. Daher kann auch
leicht verstimmten Intervallen ein Konsonanz-/ Dissonanzgrad zugeordnet werden, der nur etwas vom Koinzidenzgrad des idealen ganzzahligen Schwingungsverhältnisses abweicht, so wie es der Hörerfahrung entspricht.

Der Graph der Koinzidenzfunktion zeigt große Übereinstimmung mit Carl
Stumpfs „System der Verschmelzungsstufen in einer Curve" (vgl. 1.2.2), das
Stumpf auf der Grundlage von umfangreichen Hörversuchen entwickelte. Zum
Vergleich sei Stumpfs Kurve nochmals wiedergegeben:

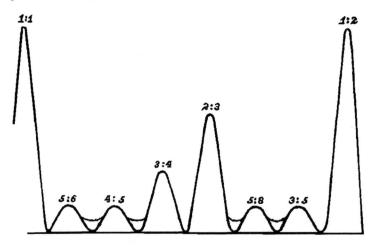

Abb. 38 „System der Verschmelzungsstufen in einer Curve" nach C. Stumpf (Stumpf [6]1890
1965 Bd. II S. 176. Mit freundlicher Genehmigung der S.Hirzel Verlag GmbH & Co.)

Damit liegt der Gedanke nahe, Stumpfs Verschmelzungsbegriff als Analogon zu
sich überlagernden Erregungen bei der neuronalen Periodizitätsanalyse zu deu-
ten, wie es auch Hesse tut, der die Verschmelzung konsonanter Zusammenklän-
ge „auf die zeitliche *Kohärenz* der Nervenimpulsmuster" (Hesse 2003a S. 144)
zurückführt.

Die hier anzuwendende Koinzidenzfunktion

$$\kappa(s) = \int\limits_{0}^{50} a^2(s,\tau)d\tau$$

ist definitions-gemäß ein Integral über den gesamten hörrelevanten Periodenbe-
reich bis zu 50 ms, was einem Ton von 20 Hz entspricht. (Die obere Hörgrenze

von ca. 20000 Hz hat eine Periode von $5 \cdot 10^{-5}$ ms ≈ 0 ms). Damit wird der Koinzidenzgrad als Maß der Gesamterregung oder vielmehr der gesamten Koinzidenz für alle Perioden/ Subharmonischen gebildet, die im Hörbereich liegen. In energetischer Terminologie ist der Koinzidenzgrad zu verstehen als der (durchschnittliche) Energiegehalt der Autokorrelationsfunktion (vgl. 3.7.2). Der Koinzidenzgrad wird also nicht aus Einzelerscheinungen errechnet.

Koinzidenzbetrachtungen sind dabei keine rein mathematisch spekulativen Betrachtungen. Jeder Koinzidenz entspricht die Mehrfacherregung desselben neuronalen Bereiches. Da jeder Kanal nur eine beschränkte Kapazität hat, wird die durch starke Koinzidenz verursachte hohe Gesamterregung in einem Kanal nur reduziert weitergegeben. Das führt somit zur Reduzierung der Gesamterregung bzw. der neuronalen Energie. Konsonanzen mit einem hohen Koinzidenzgrad bewirken im Vergleich zu Dissonanzen eine stärkere Reduzierung der Gesamterregung. Da Merkmale der Primärtöne zusammentreffen, verlieren diese in Abhängigkeit vom Konsonanzgrad mehr (konsonantere) oder weniger (dissonantere) an Unterscheidbarkeit und es entsteht ein einheitlicher Eindruck, für den Stumpf den Begriff „Empfindungsganzes" benutzt (vgl. Stumpf 1890/ 1965 Bd. 2 S. 64), das „zugleich die engste Weise der Vereinigung ist. Eine losere, gleichwohl aber von der blos collectiven noch wol zu unterscheidende Einheit ist die der gleichzeitigen Empfindungsqualität unter einander. Diese speciell wollen wir Verschmelzung nennen." (Stumpf 1890/1965 Bd. 2 S. 65).

2.5.2 Merkmale der Verschmelzung und der Koinzidenzfunktion

Je nach Verschmelzungsgrad – entsprechend dem von der Koinzidenzfunktion angezeigten Koinzidenzgrad – nähert sich das Intervallempfinden also dem Erleben eines Empfindungsganzen. Zwar ist es möglich, analysierend einen einzelnen Ton herauszuhören, aber nur „wenn sie zugleich empfunden werden, dann ist es unmöglich, sie nicht als Ganzes, nicht im Verschmelzungsverhältnis zu empfinden." (Stumpf 1890/1965 Bd. 2 S. 65).

„Einheitlichkeit ist nicht Einheit. Verschmelzung bedeutet nicht, daß man die beiden Töne überhaupt nicht unterscheide. Sonst würde ja die Oktave in dem Moment, wo wir die Töne auseinander halten, in eine Dissonanz übergehen. Musikalische Ohren halten die Töne in gewöhnlichen Fällen stets auseinander, trotzdem bemerken sie einen Unterschied in der Einheitlichkeit zwischen Oktave und Septime....

Das Verhältnis der Verschmelzung betrachte ich als ein Grundverhältnis, ebenso wie das der Ähnlichkeit. Zwei Töne sind sich mehr oder weniger ähnlich in Hinsicht ihrer Höhe: infolgedessen bilden wir aus der Gesamtheit aller möglichen Töne eine gerade Linie, auf der zwei Punkte einander näher oder ferner liegen. Zwei Töne verschmelzen aber auch mehr oder weniger: die Folge davon sind die konsonanten Intervalle, durch welche die Tonhöhenlinie von einem beliebigen Ton aus in bestimmte feste Abschnitte gegliedert wird. Die Ähnlichkeit ist um so größer, je kleiner die Differenz der Schwingungszahlen, die Verschmelzung ist um so größer, je kleiner die beiden Verhältniszahlen." (Stumpf 1911 S. 117 f). Die von Stumpf angegebenen Verschmelzungsgrade findet man in den Graphen der Koinzidenzfunktionen wieder (Abb. 33/ Abb. 34).

„Den Mittelpunkt der Verschmelzungslehre bildet die Behauptung, daß die Verschmelzung, d.h. die Einheitlichkeit des Eindruckes, bei Oktaven, Quinten, Terzen in dieser Reihenfolge abnimmt." (Stumpf 1897 S.2). Zur Stellung der Quarte meint Stumpf: „Hält man sich bloß an die Verschmelzung, so kommt die Quarte zwischen der Quinte und den Terzen zu stehen, welchen Platz ihr auch das Altertum bereits einstimmig anwies." (Stumpf 1897 S. 2/3).

Ein Vergleich mit den Koinzidenzkurven (vgl. Abb. 35) zeigt, dass sich, diese Abstufung der Verschmelzungsgrade auch in den Koinzidenzkurven zeigen. Nur für $\varepsilon < 0,4$ ms ist der Wert für die Quarte kleiner als für die große Terzen, während Oktave, Quinte und Terzen in derselben Rangfolge erscheinen. Ist $\varepsilon \geq 1,6$ ms, so verschwinden die ausgeprägten Terz- und Quartmaxima in der Koinzidenzkurve; die Maxima für Oktave und Quinte zeigen sich jedoch weiterhin.

Auch zwischen den Terzen liegt nach Stumpf ein beobachtbarer Unterschied im Verschmelzungsgrad: „ Die neueren Beobachtungen und Versuche führen nun ihre Urheber zu der bestimmten Behauptung, daß in der That die kleine Terz der großen nachstehe." (Stumpf 1897 S. 3).

Hier zeigt der Vergleich mit den Koinzidenzkurven für die kleine Terz kleinere Werte als für die große Terz, in Überbeinstimmung mit Stumpfs Beobachtung. Erst ab $\varepsilon = 1,6$ ms und größer verschwinden die Maxima bei den Terzen und die Unterschiede werden undeutlich.

Die von Stumpf angeführten Versuche zeigen für die Rangfolge der Terzen und Sexten uneinheitliche Ergebnisse (vgl. Stumpf 1897 S. 4). Aus den Werten der Koinzidenzkurven ergibt sich für alle $\varepsilon \leq 1,2$ ms dieselbe Rangfolge: gr. Terz, kl. Terz, gr. Sexte, kl. Sexte. Ab $\varepsilon = 0,8$ ms liegt die kleine Sexte auf der linken Flanke des Kurvenbogens, den das Maximum für die große Sexte bildet. Spätestens bei ε - Werten größer als 1,6 ms sind die Terzen zwar nicht mehr deutlich zu unterscheiden, sondern bilden eine gemeinsame Ebene, die aber unter dem Koinzidenzgrad die Sexten liegt.

Unter der Rubrik „Siebenergruppe" diskutiert Stumpf die Intervalle 4:7 und 5:7 und den Tritonus, wegen ihrer Nähe zum Intervall 5:7. Diese Intervalle ordnet Stumpf bezüglich ihres Verschmelzungsgrades zwischen die Terzen und Sexten und den eigentlichen Dissonanzen ein und schlägt die Bezeichnung „Übergangsgruppe" für die Gruppe dieser Intervalle vor.

In den Koinzidenzkurven sind die Intervalle der „Übergangsgruppe" für ε - Werte bis 0,2 ms bis höchstens 1,4 ms als kleinere Maxima ausgezeichnet. Tritonus und das Intervall 7:5 fallen unter dasselbe Maximum. Stets ist dieses Maximum kleiner als die Terzmaxima und das Maximum für die große Sexte, das Maximum der kl. Sexte überragt es stets mehr oder weniger. Das Maximum für die kleine Septime ist stets kleiner als die Maxima der Terzen und der großen Sexte. Bemerkenswert ist das Maximum für die große Septime.

Die übrigen Intervalle haben für Stumpf den niedrigsten Verschmelzungsgrad: „Alle übrigen Tonkombinationen, die Dissonanzen der Musik und die nicht musikalischen (durch merkliche Verstimmung erzeugten), hatte ich zu einer letzten Stufe der Verschmelzung zusammengefasst, da ich deutliche Unterschiede unter ihnen nicht zu finden glaubte und aus den Ergebnissen der Massenversuche hierüber einen sicheren Schluss nicht zu ziehen wagte, wenn auch hierbei die kleine Septime merklich vor der großen Sekunde zu stehen kam." (Stumpf 1897 S. 7).

Auch bei den übrigen Intervallen zeigen die Koinzidenzkurven nur gelegentlich kleine unbedeutende Maxima.

Das Berechnungsverfahren für die Koinzidenzfunktion – ihre Definition – bewirkt, dass sie für einfache Schwingungsverhältnisse Maxima ausbildet. Bei allmählichem Abweichen von diesen Schwingungsverhältnissen fällt die Koinzidenzkurve zu beiden Seiten ab (bei kleinen ε- Werten ist der Abfall steil, bei größeren ε- Werten langsamer). (vgl. 2.4.4).

Das entspricht dem Grundgesetz, dass Stumpf für die Verschmelzung formuliert: „Das Grundgesetz besagt, dass die Verschmelzung abhängig ist von den Schwingungsverhältnissen. Damit war nur behauptet, daß ein bestimmter Verschmelzungsgrad gegeben ist bei einem bestimmten Schwingungsverhältnis....Aber es war nicht damit behauptet, daß der Verschmelzungsgrad sich nach der Einfachheit der Schwingungsverhältnisse richte....Ich glaube daher..., daß die Verschmelzungsstufe allgemein als Funktion des Schwingungsverhältnisses ausgedrückt werden könnte."(Stumpf 1897 S. 8 f).

Bei der Konstruktion der allgemeinen Koinzidenzfunktion ist die Verschmelzung gedeutet worden als das Maß überlappender Erregungen, die durch Koinzidenz mit einer Unschärfe in einem Zeitfenster entstehen. Die Größe dieser Überlappungen im gesamten Hörbereich (Perioden bis zu $\tau = 50$ ms entsprechend 20 Hz) entspricht dem Verschmelzungsgrad. Es ergibt sich von alleine, dass leichte Abweichungen - innerhalb des Zeitfensters - von der exakten, ganzzahligen Koinzidenz zu niedrigeren Werten führt als die strickte Koinzidenz, die von einfachen Schwingungsverhältnissen hervorgerufen wird.

Die Autokorrelationsfunktion für die Rechteckimpulsfolge konvergiert gegen die Autokorrelationsfunktion für die entsprechende δ- Impulsfolge, wenn man mit ε gegen 0 geht. (vgl. (M-Gl. 253)/ (M-Gl. 255) und (M-Gl. 257)). Im Fall der δ- Impulsfolge liefert die Autokorrelationsfunktion für Intervalle eine Periodizitätsanalyse, die eine Koinzidenzprüfung der Intervallperioden der Primärtöne ist (vgl. 3.6.3 und 3.1.3). Die erste gemeinsame Periode der Intervalltöne befindet sich an dem Koinzidenzpunkt, der dem kleinsten gemeinsamen Vielfachen beider Verhältniszahlen des Schwingungsverhältnisses entspricht. Bei größer werdenden Verhältniszahlen wird die erste gemeinsame Periode auch größer, und die Anzahl der Koinzidenzpunkte im Hörbereich bzw. die Koinzidenzdichte (Koinzidenzgrad) nimmt ab. (vgl. 3.1.3). Folglich zeigt die aus der Rechteckimpulsfolge konstruierte Koinzidenzfunktion (wenn ε klein genug ist) bei wachsenden Verhältniszahlen geringere Koinzidenz an. Das entspricht Stumpfs Hinweis: „Nur gelegentlich bemerkte ich, daß wenn man deduktiv vorgehen wollte, man den Umstand benutzen könnte, daß, im allgemeinen mit wachsender Größe beider Verhältniszahlen die Verschmel-zungsgrade abnehmen." (Stumpf 1897 S.8).

2.5.3 Verschmelzung und Akkorde

Für die Verschmelzung bei Mehrklängen (meist Dreiklängen) stellt Stumpf die Regel auf, „dass die Verschmelzung zweier Töne durch das Hinzutreten anderer Töne nicht verändert wird", obwohl „bei Vermehrung der Töne jeder einzelne weniger deutlich gehört wird, was freilich mit der Verschmelzung nichts zu thun hat." (Stumpf 1897 S. 11).

Die Autokorrelationsfunktion eines Dreiklanges ist die Summe der Autokorrelationen der Primärtöne und aller Autokorrelationen. (vgl. (Gl. 68)). Also ist auch die Autokorrelationsfunktion jedes Intervalls aus den Primärtönen des Dreiklanges Summand der Autokorrelation des Dreiklanges. Daraus folgt, dass auch die allgemeine Koinzidenzfunktion jedes Intervalls aus den Primärtönen des Dreiklangs Summand der Koinzidenzfunktionen des Dreiklanges ist. Die Koinzidenzfunktion zweier Töne wird also durch das Hinzutreten eines Tones (im Dreiklang) nicht verändert.

Auch für Dreiklänge (und Mehrklänge) lässt sich die Koinzidenz nach (Gl. 68) berechnen. (Es werden nur die Ergebnisse von Computerberechnungen zum Koinzidenzgrad von Akkorden mitgeteilt, ohne die unübersichtlichen Berechnungen hier zu dokumentieren). Der hohe Sonanzgrad eines konstituierenden Intervalles trägt als Summand auch zu einer Erhöhung des Koinzidenzgrades des Gesamtklanges bei. So zeigt sich bei Dreiklängen, dass sich der hohe Koinzidenzgrad der Quinte in allen Dreiklängen auswirkt. Auch Klänge, die die Quinte enthalten ergeben hohe Koinzidenzwerte. Ein allgemeines „Ranking" der Dreiklänge ist nicht möglich, weil die Koinzidenzfunktion von dem gewählten ε-Wert abhängt. Am häufigsten ist unter den Dreiklängen der Quartvorhaltsklang (5–4) an erster Stelle, unmittelbar gefolgt vom Durdreiklang. Der Dur- Quartsextakkord und der Molldreiklang stehen in der Sonanz kurz hinter diesen Akkorden. Bei höheren ε- Werten wirkt sich der höhere Verschmelzungsgrad der Sekunden ebenfalls aus: der Sekund- Quint- Klang zeigt hohe Sonanzgrade.

An diesen Sonanzbestimmungen wird deutlich, dass der musikalische Konsonanzbegriff nicht mit Verschmelzung gleichgesetzt werden kann. Folgt man

Stumpfs Verschmelzungsgesetzen und führt verallgemeinerte Koinzidenz-betrachtungen mit der allgemeinen Koinzidenzfunktion durch, leuchtet ein, dass die Quarte, die Intervalle zwischen der Prime und den Sekunden, dass der Quartenvorhaltsklang und der Sekundquintklang hohe Verschmelzungsgrade besitzen. Im musiktheoretischen Sinn sind diese Klänge als dissonant zu betrachten, weil Quarte und Sekunden Dissonanzen sind. Bei Sekunden fallen beide Primär-töne in dieselbe Kopplungsbreite und verursachen Schwebungen. Bei der kleinen Sekunde betragen sie etwa $\frac{1}{15}f_0$, bei der großen Sekunde $\frac{1}{8}f_0$ (f_0 Grundfrequenz). Nimmt man als oberste Grenze für das Rauhigkeitsempfinden 300 Hz an (vgl. Aures 1985 S. 268), so löst die kleine Sekunde noch für Töne bis zur Höhe von $f_0 = 4500\,Hz$ und die große Sekunde bis zu $f_0 = 2400\,Hz$ Rauhigkeitsempfinden aus. Bei $f_0 = 440\,Hz$ hat die kleine Sekunde eine Schwebung von 29,3 Hz und die große Sekunde eine Schwebung von 55 Hz. Durch diese starken Rauhigkeiten wird der „sensorische Wohlklang" (vgl. Aures 1985 S. 282/ S. 286) dieser stark verschmelzenden Sekunden gestört. Es wird hieraus auch klar, warum der Sekund- Quint- Klang eine Dissonanz ist: der Klang wird durch die Rauhigkeit der Sekundreibung getrübt.

Im Quartvorhaltsklang tritt die Sekundreibung zwischen der Quarte und der Quinte auf und wandelt den Akkord trotz hoher Verschmelzung zur Dissonanz. Da die Musiktheorie von der Mehrstimmigkeit in ihrem Denken geprägt ist (Harmonielehre), wurde die Quarte den Dissonanzen zugeordnet, weil die mit ihr gebildeten Klänge – mit Ausnahme des konsonanten Quartsextakkordes – Sekunden enthalten. Steht die Quarte alleine, so ist sie eine Konsonanz, (vgl. das Quartorganum der frühen Mehrstimmigkeit).

2.6. Autokorrelationsfunktion und Hüllkurve

Zum Verständnis der von Langner beschriebenen Periodizitätsanalyse (vgl. 1.3.4) in den beiden Dimensionen Tonotopie und Periodotopie muß man sich klar machen, dass sich jedes Singnal $x(t)$ in einen Träger $s(t)$ und eine Hüllkurve $E(t)$ aufspalten lässt:

$$x(t) = E(t)s(t).$$
(Gl. 92)

Die Trägerfunktion $s(t)$ ist periodisch mit der Trägerfrequenz ω_c. In der Praxis sind Hüllkurvenbetrachtungen nur dann sinnvoll, wenn die (periodischen oder auch nichtperiodischen) Fluktuationen der Hüllkurve $E(t)$ wesentlich langsamer sind, als die Oszillationen des Trägers $s(t)$ mit der Frequenz ω_c. Sowohl die Trägerfrequenz, als auch die Hüllkurve müssen bekannt sein, um das Signal vollständig zu bestimmen.

Zum Nachweis der Periodizitätsdetektion im IC (*Inferior colliculus*) haben Langner/ Schreiner (1988) amplitudenmodulierte Töne (AM) benutzt (vgl. 2.4.3.1). Sie kamen zu dem Ergebnis, dass die Frequenz des Trägers ω_c und die Frequenz der modulierenden Hüllkurve ω_m charakteristische Größen für die neuronalen Einheiten im IC sind. Jede dieser Einheiten zeigt eine beste Modulationsfrequenz (BMF) in Verbindung mit einer besten Trägerfrequenz. D. h. ihre Feuerrate ist am höchsten, wenn sie von einem AM mit einer bestimmten Trägerfrequenz und einer bestimmten Hüllkurvenfrequenz angeregt wird (Schreiner/ Langner 1988 S. 1804: Tuning to AM- stimuli). „Die Frequenzanalyse in der Cochlea ist vergleichbar mit einer Filterbank mit vielen parallelen Kanälen … . Im Nucleus cochlearis … werden periodische Signale einerseits verzögert, andererseits unverzögert weitergegeben. Koinzidenz-neurone der nächsten Ebene … reagieren bevorzugt, wenn die Verzögerungen durch die Periodizitäten kompensiert werden. Sie sind deshalb sowohl auf Frequenzen als auf Perioden abgestimmt" (Langner 1999).

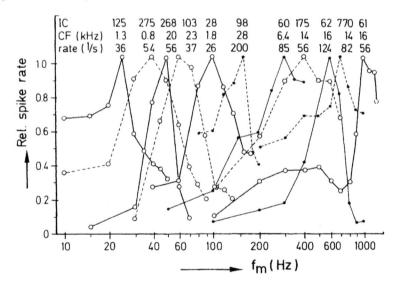

Abb. 39 Die „modulation transfer functions" (MTF) von Einheiten im IC: jede Einheit zeigt neben einer für sie typischen CF (central frequency) eine Bandpassfiltercharakteristik für die Modulationsfrequenz f_m (aus: Langner/ Schreiner 1988 S. 1804. Used with permission of The American Phsiological Society)

In einer „modulation- transfer- function" (MTF) wird die in Versuchen abgeleitete Filtercharakteristik (Bandpassfiltercharakteristik) für jede Einheit dargestellt. Die Abbildung Abb. 39 zeigt die Abhängigkeit der Feuerrate (rate) von der Modulationsfrequenz (f_m) für verschiedene Einheiten mit jeweils verschiedenen charakteristischen Frequenzen (CF).

Dadurch wird die simultane Analyse nach Trägerfrequenz und Modulationsfrequenz möglich, wie sie das Modell der neuronalen Koinzidenz (vgl. 1.3.3 und Langner 1999 und 1995 S.2) zeigt. „Central to the correlation theory of periodicity analysis is a coincidence mechanism. One of its consequences is that, for a given carrier frequency, BMF values cover a certain range of periodicities. For carrier frequencies below ~5 kHz, this can be expressed by a periodicity equation: $\tau_{BMF} = n \cdot \tau_c - k \cdot \tau_{OSC}$, τ_{OSC} = shortest possible period of intrinsic oscillations; n, k = small integers. For unit IC 59, for example, the best modulation frequencies for different carriers are described by the periodicity equation $\tau_{BMF} = 9 \cdot \tau_c - 0.8$ ms ....In humans, AM signals illicit a residual pitch corresponding to pitches of pure tones with frequencies of approximately the modulation frequency." (Langner/ Schreiner 1988 S. 1818).

Die Analyse nach Trägerfrequenz und Modulationsfrequenz als zwei getrennte Merkmale des Stimulus findet schließlich ihren Niederschlag in einer orthogonalen Repräsentation von Trägerfrequenz und Periode der Hüllkurve im IC, der „Tonotopie und Periodotopie des Colliculus inferior (IC)." (Langner 1999, Langner/ Schreiner 1988 II; vgl. 1.3.4).

In der mathematischen Terminologie sind damit die Repräsentation der Trägerfrequenzen (bzw. die CFs der Einheiten) in der einen Dimension „Tonotopie" und der Perioden der Hüllkurven in der anderen Dimension „Periodotopie" linerar unabhängig. Die Unabhängigkeit zwischen Hüllkurve und Träger entspricht der Eigenschaft der Hüllkurve, unabhängig von der Wahl der Trägerfrequenz zu sein (vgl. 3.8.2, „Envelope Rule 1" bei W. Hartmann [4]2000 S. 415). Verschiedene Trägerfrequenzen können dieselbe Hüllkurve "transportieren". Die Periodizitätsanalyse des Signals an der Hüllkurve muss deshalb durch die Bestimmung der Trägerfrequenz ergänzt werden, um den Stimulus vollständig zu repräsentieren.

Aber das Gehör scheint in Analogie zur Logik des mathematischen Formalismus die Hüllkurve in der „Periodotopie" und den Träger, der in der Feinstruktur des Stimulus sichtbar wird, in der „Tonotopie" (nach Langner 1995/ 1999) als getrennte Merkmale desselben Stimulus zu verarbeiten. Erst beides zusammen kann das ursprüngliche Signal vollständig repräsentieren.

Wendet man nämlich eine Periodizitätsanalyse nur auf Hüllkurven an, so kann nicht bei allen Signalen aus der Hüllkurve auf die Tonhöhe geschlossen werden. Die Hüllkurve lässt sich aus den Frequenzdifferenzen der im Signal enthaltenen Frequenzkomponenten berechnen (vgl. 3.8.3 (M-Gl. 302)). Die Autokorrelationsfunktion der Hüllkurve gibt folgerichtig alle Periodendifferenzen an und informiert so lediglich über die Abstände der beteiligten Töne. Sie zeigt die Periode des „Fundamentals"/ Residualtons nur dann an, wenn dessen Frequenz auch als Frequenzdifferenz zweier Komponenten im Signal mit enthalten ist (siehe Beispiel unten und 3.8.3).

Demgegenüber liefert die Autokorrelationsfunktion des Signals die Information über alle enthaltenen Perioden und ihre Vielfachen. Insbesondere zeigt die Autokorrelationsfunktion des Signals stets die Periode des Fundamentals bzw. Residualtons an.

Deutlich werden diese Überlegungen an folgendem Beispiel zum „pitch-shift"-Phänomen (vgl. Hartmann [4]2000 S. 429, Exercise 8):

Die Signale

$$x_1(t) = \sin (2\pi \cdot 600 \, t) + \sin(2\pi \cdot 800t) + \sin(2\pi \cdot 1000t)$$

und

$$x_2(t) = \sin (2\pi \cdot 620 \, t) + \sin(2\pi \cdot 820t) + \sin(2\pi \cdot 1020t),$$

haben dieselbe Hüllkurve, denn es ist (nach Hartmann [4]2000 S.423, Gl. 18.21):

$$E^2_{x_1}(t) = 3 + 2\cos((800 - 600) \cdot 2\pi \cdot t) + 2\cos((1000 - 800) \cdot 2\pi \cdot t)$$
$$+ 2\cos((1000 - 600) \cdot 2\pi \cdot t)$$

und

$$E^2_{x_2}(t) = 3 + 2\cos((820 - 620) \cdot 2\pi \cdot t) + 2\cos((1020 - 820) \cdot 2\pi \cdot t)$$
$$+ 2\cos((1020 - 620) \cdot 2\pi \cdot t)$$

also ist:

$$E^2_{x_1}(t) = E^2_{x_2}(t) = 3 + 4\cos(200 \cdot 2\pi \cdot t) + 2\cos(400 \cdot 2\pi \cdot t).$$

Die Hüllkurven haben die kleinste Periode

$$\tau = \frac{1000}{200} = 5 \, \text{ms}.$$

Das entspricht dem Fundamentalton von $x_1(t)$ von 200 Hz, aber nicht dem Fundamentalton von $x_2(t)$, der eine Frequenz von 20 Hz hat, was einer Periode von 50 ms entspricht. Tatsächlich wird aber bei $x_1(t)$ ein Residualton von etwa 206 Hz gehört, entsprechend einer Periode von

$$\tau_r = \frac{1000}{206}\,\mathrm{ms} \approx 4{,}86\,\mathrm{ms}.$$

Die Autokorrelationsfunktion von $x_2(t)$ ist:

$$a_{x_2}(\tau) = \cos(620 \cdot 2\pi \cdot \tau) + \cos(820 \cdot 2\pi \cdot \tau) + \cos(1020 \cdot 2\pi \cdot \tau)$$

und hat eine Periode von $\tau_0 = 50\,\mathrm{ms}$, entsprechend der Grundtonfrequenz von 20 Hz. Daneben zeigt das Bild Abb. 40 dieser Autokorrelationsfunktion eine Scheinperiode bei etwa 4,8 ms.

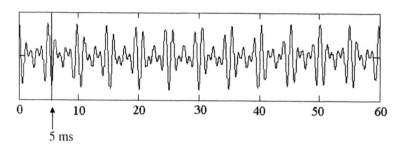

Abb. 40 Autokorrelation von $x_2(t) = \sin(2\pi 620 t) + \sin(2\pi 820 t) + \sin(2\pi 1020 t)$. Deutlich zeigt sich die Scheinperiode bei etwa 4,86 ms.

Das 3- fache der Periode τ_1 von $\cos(620 \cdot 2\pi \cdot \tau)$ ist:

$$3 \cdot \tau_1 = 3 \cdot \frac{1000}{620}\,\mathrm{ms} \approx 4{,}84\,\mathrm{ms},$$

das 4- fache der Periode τ_2 von $\cos(820 \cdot 2\pi \cdot \tau)$ ist:

$$4 \cdot \tau_2 = 4 \cdot \frac{1000}{820}\,\mathrm{ms} \approx 4{,}88\,\mathrm{ms},$$

das 5- fache der Periode τ_3 von $\cos(1020 \cdot 2\pi \cdot \tau)$ ist:

$$5 \cdot \tau_3 = 5 \cdot \frac{1000}{1020}\,\mathrm{ms} \approx 4{,}90\,\mathrm{ms}.$$

Diese dicht beieinander liegenden Perioden der Einzelsummanden verursachen das starke Maximum bei $\tau_r = 4{,}86\,\mathrm{ms}$ in der Autokorrelationsfunktion, das einem Residualtonempfinden eines Tones von etwa 206 Hz entspricht. Diese Information über ein durch eine Scheinperiode ausgelöstes Tonhöhenempfinden kann die Hüllkurve nicht liefern (vgl. 3.8.3).

Die von der Autokorrelationsfunktion angezeigte „Schein"- Periode entspricht also dem Tonhöhenempfinden. Aus der Hüllkurve ist diese Information nicht zu gewinnen.

Die Ursache liegt in der oben beschriebenen Eigenschaft, dass in der Hüllkurve nur die Frequenzdifferenzen und nicht die konkreten Frequenzen eine Rolle spielen, wie man sich allgemein überlegen kann. Stehen die Einzelkomponenten eines Signals jedoch in einem harmonischen Schwingungsverhältnis zueinander, so genügt die Periodizitätsanalyse der Hüllkurve, die dann auch die Periode des gemeinsamen Grundtons und seiner Subharmonischen anzeigt (vgl. (M-Gl. 306)/ (M-Gl. 308)).

Das Abtasten der Impulsfolgen des Gehörnervs durch eine „all- order"- ISI-Funktion liefert alle Informationen über die Periodizität des Signals: sowohl die tatsächlichen Perioden und ihre Vielfachen, als auch die Periodendifferenzen und Scheinperioden werden duch das Abtasten der ISI – Funktion mittels Koinzidenz ermittelt.

Da in dem von Langner beschriebenen Korrelationsmechanismus eine Analyse sowohl nach der Periode des Trägers, als auch nach der Periode der Hüllkurve erfolgt, kann man davon ausgehen, dass eine vollständige neuronale Autokorrelation bezüglich Träger und Hüllkurve durchgeführt wird. Es findet also nicht nur eine Hüllkurvenabtastung alleine statt. Analog zur Gleichung (M-Gl. 304) könnte das Signal aus Tonotopie $\cong$ Träger und Periodotopie $\cong$ Hüllkurve zurückgewonnen werden. Unter Berücksichtigung beider Dimensionen wird also das Signal eineindeutig (in einem räumlich Muster) repräsentiert und seine Tonhöhe ist eindeutig bestimmt.

3. Mathematischer Teil
3.1. Koinzidenz und Interspike-Intervals
3.1.1. Berechnung von Koinzidenz
3.1.1.1. Die Koinzidenzgleichung: $n q - m p = 0$

Alle Koinzidenzbetrachtungen führen auf die Suche nach ganzzahligen Lösungen der „Koinzidenzgleichung": sind zwei ganze Zahlen a und b vorgegeben, so sucht man ganzzahlige Lösungen n und m der Gleichung:

$$n a - m b = 0.$$
$$(\text{M-Gl. 1})$$

Ist $d = ggT(a,b)$ der größte Gemeinsame Teiler von a und b, dann gibt es teilerfremde ganze Zahlen p und q, so dass $a = d\,q$ und $b = d\,p$ ist. Dividiert man Gleichung (M-Gl. 1) durch d, erhält man die neue, äquivalente Gleichung:

$$n q - m p = 0.$$
$$(\text{M-Gl. 2})$$

Diese Gleichung (p und q sind teilerfremd) ist äquivalent zu:

$$n \equiv 0 \bmod{}_p \Leftrightarrow n = k_1\, p$$
$$(\text{M-Gl. 3})$$

und

$$m \equiv 0 \bmod{}_q \Leftrightarrow m = k_2\, q$$
$$(\text{M-Gl. 4})$$

mit ganzen Zahlen k_1 und k_2.
Setzt man n und m in die Gleichung (M-Gl. 2) ein, so erhält man:

$$0 = n q - m p = k_1\, p q - k_2\, p q = (k_1 - k_2)\, p q.$$
$$(\text{M-Gl. 5})$$

Daraus folgt, dass $k := k_1 = k_2$ ist. Also sind alle ganzzahligen Lösungen der Gleichung (M-Gl. 2) bestimmt durch:

$$(n;m) = (k\, p; k\, q) \quad k \in Z.$$
$$(\text{M-Gl. 6})$$

Durch Multiplikation mit d erhält man daraus alle ganzzahligen Lösungen der Gleichung (M-Gl. 1).

3.1.1.2. Die diophantische Gleichung: $na - mb = c$
Die Gleichung

$$na - mb = c$$
(M-Gl. 7)

mit den ganzen Zahlen a, b, c ist genau dann in ganzen Zahlen n und m lösbar, wenn auch die Kongruenzgleichung

$$n\,a \equiv c \bmod_b$$
(M-Gl. 8)

in ganzen Zahlen lösbar ist. Das ist aber äquivalent damit, dass der größte gemeinsame Teiler von a und b ein Teiler von c ist (siehe: Indlekofer 1978 S. 84f):

$$na - mb = c \quad \text{lösbar} \Leftrightarrow n\,a \equiv c \bmod_b \quad \text{lösbar} \Leftrightarrow ggT(a,b)|c\,.$$
(M-Gl. 9)

Die Anzahl der Lösungen $\bmod_b$ ist gleich $ggT(a, b)$. Sind a und b teilerfremd, so existiert stets zu jedem c genau eine $\bmod_b$ eindeutige Lösung $(n_0; m_0)$ (zum Beweis siehe: Indlekofer 1978 S. 84f). Dann ist mit der $\bmod_b$ eindeutigen Lösung $(n_0; m_0)$ die Lösungsmenge bestimmt durch die Paare (k ganze Zahl):

$$(n;\, m) = (n_0 + k\,b;\, m_0 + k\,a)\,.$$
(M-Gl. 10)

3.1.1.3. Koinzidenz zweier Schwingungen
Seien die beiden Frequenzen f_1 und f_2 gegeben, die im Schwingungsverhältnis $s \neq 0$ stehen (Gl. 1):

$$f_2 = s\,f_1\,.$$
(M-Gl. 11)

Bildet man auf beiden Seiten den Kehrwert, erhält man:

$$\frac{1}{f_2} = \frac{1}{s\,f_1}$$
(M-Gl. 12)

und somit für die zu f_1 und f_2 gehörenden Perioden T_1 und T_2:

$$T_2 = s^{-1} T_1.$$
(M-Gl. 13)

Sucht man koinzidierende Obertöne, so sucht man positive, ganzzahlige Lösungen n und m für:

$$n f_1 = m f_2 = m s f_1 \Leftrightarrow s = \frac{n}{m}$$
(M-Gl. 14)

Also muss s rationale Zahl sein. Da man im Bruch durch den $d := ggT(n;m)$ kürzen kann, können Zähler und Nenner Œ als teilerfremd angenommen werden, etwa

$$s = \frac{p}{q},$$

wobei p, q teilerfremde, positive, ganze Zahlen sind. Somit erhält man durch Einsetzen in (M-Gl. 14) die Gleichung:

$$n f_1 = \frac{p}{q} m f_1 \Leftrightarrow n q - m p = 0.$$
(M-Gl. 15)

Sucht man koinzidierende Perioden, so sucht man positive, ganzzahlige Lösungen n und m für das Schwingungsverhältnis s mit:

$$n T_2 = m T_1 = m s T_2,$$
(M-Gl. 16)

und da auch hier $s = \frac{p}{q}$ ist, erhält man die äquivalente Gleichung:

$$n T_2 = m \frac{p}{q} T_2 \Leftrightarrow n q - m p = 0.$$
(M-Gl. 17)

Sowohl bei den koinzidierenden Obertönen, als auch bei den koinzidierenden Perioden sucht man also alle Lösungen n und m derselben Koinzidenzgleichung (M-Gl. 15):

$$n q\text{-}m p = 0.$$
(M-Gl. 18)

(Man beachte, dass p und q Œ teilerfremd sind). Nach (M-Gl. 6) sind aber mit

$$(n;m) = (k\,p;\ k\,q) \quad k \in Z$$
(M-Gl. 19)

alle ganzzahligen Lösungen der Gleichung (M-Gl. 18) bestimmt. Mit $k = 1$ erhält man insbesondere die Lösung $(n;m) = (p;q)$.

Musiktheoretisch relevant sind die folgenden Zahlen:

$f_0 := ggT(f_1, f_2)$ „gemeinsamer Grundton"; „fundamental";

$T_0 := kgV(T_1, T_2)$ „kleinste gemeinsame Periode";

$f_k := kgV(f_1, f_2)$ „erster gemeinsamer Oberton";

$T_k := ggT(T_1, T_2)$ „größte Periode, die die Perioden T_1 und T_2 teilt".

Da p und q teilerfremde ganze Zahlen sind, erhält man für das Schwingungsverhältnis von n und m (mit $d := ggT(n;m)$), bzw. von f_1 und f_2, bzw. von T_2 und T_1 insbesondere (vgl. (Gl. 1) und (Gl. 2)):

$$s = \frac{n}{m} = \frac{d\,p}{d\,q} = \frac{p}{q} = \frac{p\,f_0}{q\,f_0} = \frac{f_2}{f_1} = \frac{p\,T_k}{q\,T_k} = \frac{T_1}{T_2}.$$
(M-Gl. 20)

Aus (M-Gl. 20) folgen wiederum die Koinzidenzbedingungen:

$$p\,f_1 = q\,f_2 \wedge p\,T_2 = q\,T_1.$$
(M-Gl. 21)

Da $ggT(p,q) = 1$ ist, gelten ferner die folgenden Zusammenhänge:

$$f_1 = q\,f_0 \text{ und } f_2 = p\,f_0$$
(M-Gl. 22)

$$T_1 = p T_k \text{ und } T_2 = q T_k$$
(M-Gl. 23)

$$f_k = p\, f_1 = q\, f_2 = pq\, f_0$$
(M-Gl. 24)

$$\frac{1}{f_k} = \frac{T_1}{p} = \frac{T_2}{q} = \frac{T_0}{pq} = T_k$$
(M-Gl. 25)

$$T_0 = p T_2 = q T_1 = pq T_k$$
(M-Gl. 26)

$$\frac{1}{T_0} = \frac{f_2}{p} = \frac{f_1}{q} = \frac{f_k}{pq} = f_0$$
(M-Gl. 27)

Setzt man die Lösungen $(n;m) = (k\,p;\,k\,q)$, $k \in Z$, in (M-Gl. 15) und (M-Gl. 17) ein, erhält man alle koinzidierenden Obertöne und alle koinzidierenden Perioden (Subharmonischen) eines Intervalls mit dem Schwingungsverhältnis

$$s = \frac{f_2}{f_1} = \frac{T_1}{T_2} = \frac{p}{q}:$$

der $k\,p$ - te Oberton von f_1 koinzidiert mit dem $k\,q$ - ten Oberton von f_2:

$$k\,p\,f_1 = k\,p\,q\,f_0 = k\,q\,p\,f_0 = k\,q\,f_2,$$
(M-Gl. 28)

die $k\,p$ - te Periode von T_2 koinzidiert mit der $k\,q$ - ten Periode von T_1

$$k\,p T_2 = k\,p\,q T_k = k\,q\,p T_k = k\,q T_1.$$
(M-Gl. 29)

Über die Periode T_1 ausgedrückt, sind mit $k \in Z$ alle Koinzidenzpunkte C_k gegeben durch:

$$C_k = k\,q T_1 = k\,q\,p T_k,$$
(M-Gl. 30)

über T_2 ausgedrückt erhält man dieselben Koinzidenzpunkte durch:

$$C_k = k\,pT_2 = k\,p\,qT_k.$$

(M-Gl. 31)

Seien C_k, C_{k+1} zwei aufeinander folgende Koinzidenzpunkte der Perioden T_1 und T_2. Die Länge des Koinzidenzintervalls ist T_0:

$$T_0 := |C_{k+1} - C_k| = |(k+1)qT_1 - k\,qT_1| = qT_1$$
$$= |(k+1)\,pT_2 - k\,pT_2| = pT_2 = p\,qT_k$$

(M-Gl. 32)

3.1.2. Schwingungen und Gitter

Dem Tonhöhenempfinden („pitch") entspricht neuronal ein Feuermuster, das Spitzen im regelmäßigen Abstand der Periode der empfundenen Tonhöhe zeigt (vgl. 1.3.5). Ein beliebig lange andauernder Ton kann daher idealisiert gedacht werden als eine periodische Folge von Impulsen in der Zeit.

Die δ- Impulsfolge:

$$x(t) = \sum_{n=-\infty}^{\infty} \delta(t - nT_0)$$

(M-Gl. 33)

hat die Periode T_0 und läuft beliebig lange in der Zeit. Setzt man

$$\omega_0 = \frac{2\pi}{T_0},$$

so lässt sie sich mit einer Schwingung der Kreisfrequenz ω_0 in Beziehung setzen durch die folgende Gleichung (vgl. Papoulis, 1962, S. 44 Gl. (3-44)/ (3-41)):

$$\lim_{N \to \infty} \frac{1}{T_0} \sum_{n=-N}^{N} e^{in\omega_0 t} = \sum_{n=-\infty}^{\infty} \delta(t - nT_0).$$

(M-Gl. 34)

Da aber

$$\sum_{n=-N}^{N} e^{in\omega_0 t} = \sum_{n=-N}^{N} \cos(n\omega_0 t)$$

ist, sieht man, dass die Folge der N harmonischen Obertöne mit den Frequenzen $(n\omega_0)$ mit wachsendem N gegen das zeitliche Gitter mit der Periode T_0 strebt, wobei gilt:

$$T_0 = \frac{2\pi}{\omega_0}$$

Tauscht man die Variabeln, so dass nun die Zeit konstant gleich T_0 und die Frequenz ω die Variabel ist, so erhält man im Frequenzbereich die analoge Gleichung (vgl. Hartmann [4]2000 S. 155 Gl. (7.27)):

$$\lim_{N \to \infty} \frac{1}{\omega_0} \sum_{n=-N}^{N} e^{in\omega T_0} = \sum_{n=-\infty}^{\infty} \delta(\omega-n\omega_0).$$

(M-Gl. 35)

wobei hier gilt:

$$\omega_0 = \frac{2\pi}{T_0}$$

Der Grenzwert ist also ein Gitter im Frequenzbereich, welches das Frequenzspektrum aller (gleichstarker) Obertöne von ω_0 darstellt.

Das Gitter im Frequenzbereich (M-Gl. 35) ist die Fouriertransformierte des Gitters im Zeitbereich (M-Gl. 34) (vgl. Papoulis 1962 S. 44 Gl. (3-43)):

$$\sum_{n=-\infty}^{\infty} \delta(t - nT_0) \leftrightarrow \omega_0 \sum_{n=-\infty}^{\infty} \delta(\omega-n\omega_0).$$

(M-Gl. 36)

Ist ein Intervall vorgegeben mit den beiden Frequenzen:

$$\omega_1 = \frac{2\pi}{T_1} \text{ und } \omega_2 = \frac{2\pi}{T_2},$$

so erhält man im Zeitbereich das Gitter:

$$J(t) = \sum_{n=-\infty}^{\infty} (\delta(t - nT_1) + \delta(t - nT_2))$$

(M-Gl. 37)

und im Frequenzbereich das Gitter:

$$J(\omega) = \sum_{n=-\infty}^{\infty} (\delta(\omega - n\omega_1) + \delta(\omega - n\omega_2)),$$

(M-Gl. 38)

die als mathematisch idealisierte Darstellung eines Intervalls $J(t)$ im Zeitbereich (vgl. 3.6.3) und $J(\omega)$ im Frequenzbereich (vgl. 3.3.1)angesehen werden können. Die Darstellung von $J(t)$ im Zeitbereich ähnelt einer Digitalisierung in einem Sample.

Zur Bestimmung des Konsonanzgrades ist es gleichgültig, an welchem Gitter man die Koinzidenzprüfung durchführt, ob im Zeitbereich oder im Frequenzbereich. In einem Fall prüft man auf koinzidierende Perioden, im andern Fall auf koinzidierende Obertöne (3.1.1.3; Äquivalenz der Gleichungen (M-Gl. 15) und (M-Gl. 17)).

3.1.3. Interspike Intervals (ISI)
Sind zwei δ – Impulsfolgen

$$x_1(t) = \sum_{n=-\infty}^{\infty} \delta(t - nT_1) \text{ und } x_2(t) = \sum_{m=-\infty}^{\infty} \delta(t - mT_2)$$

(M-Gl. 39)

mit den Perioden T_1 und T_2 gegeben, wobei $T_2 = s^{-1} T_1 \Leftrightarrow T_1 = sT_2$ ist, und $J(t) = x_1(t) + x_2(t)$ das Intervall aus diesen Impulsfolgen.

Ein ISI („Interspike interval") ist der Abstand d zwischen zwei Impulsen von $J(t)$ und wird hier nicht nur zwischen benachbarten, sondern zwischen beliebigen Impulsen betrachtet: „all – order ISI".

3.1.3.1. Interspike Intervals zwischen den Impulsen einer Impulsfolge

Die ISI zwischen zwei Impulsen ein und derselben Reihe haben die Form:

$$d = nT\text{-}mT = (n\text{-}m)T = rT ,$$

(M-Gl. 40)

wobei $r = n - m$ eine positive ganze Zahl ist. Stehen zwei Impulsfolgen wie in (M-Gl. 39) in einem rationalen Verhältnis

$$s = \frac{p}{q} = \frac{T_1}{T_2}$$

der Perioden T_1 und T_2 zueinander, so ist wiederum nach (M-Gl. 23): $T_1 = pT_k$ und $T_2 = qT_k$. Daher erhält man aus (M-Gl. 40) für die erste Impulsreihe für ein ISI d_1:

$$d_1 = n_1 T_1 - m_1 T_1 = (n_1\text{-}m_1)T_1 = (n_1\text{-}m_1)pT_k = r_1\, pT_k = b_1 T_k$$

(M-Gl. 41)

für $x_1(t)$ mit $b_1 = r_1 p$, und in der zweiten Impulsreihe für ein ISI d_2:

$$d_2 = n_2 T_2 - m_2 T_2 = (n_2\text{-}m_2)T_2 = (n_2\text{-}m_2)qT_k = r_2\, qT_k = b_2 T_k$$

(M-Gl. 42)

für $x_2(t)$ mit $b_2 = r_2 q$ mit $r_i = (n_i - m_i) \geq 0$.

Ausgehend von einem Impuls der Reihe $x_1(t)$ erhält man also als ISI innerhalb der Impulsfolge $x_1(t)$ alle Vielfachen der Periode $T_1 = pT_k$, ausgehend von einem Impuls der Reihe $x_2(t)$ erhält man als ISI innerhalb der Impulsfolge $x_2(t)$ alle Vielfachen der Periode $T_2 = qT_k$.

Wie oft das jeweilige ISI innerhalb derselben Reihe gezählt wird, hängt einzig von der Anzahl der berücksichtigten Impulse ab. Da die zwei Impulsfolgen in einem rationalen Verhältnis s der Perioden T_1 und T_2 zueinander stehen, ist auch das Intervall $J(t) = x_1(t) + x_2(t)$ periodisch mit der Periode $T_0 = qT_1 = pT_2 = pqT_k$ (vgl. (M-Gl. 26)). Um die durchschnittliche Häufigkeit der ISI zwischen den Impulsen in $J(t)$ zu bestimmen, genügt es wegen der Periodizität, ein Koinzidenzintervall der Länge T_0 zu betrachten. Es seien $C_k = k\,p\,q\,T_k = k\,T_0$ und $C_{k+1} = (k+1)\,p\,q\,T_1 = (k+1)\,T_0$ zwei benachbarte Koinzidenzpunkte. Im Koinzidenzintervall $I =]C_k;C_{k+1}]$ liegen q Impulse der Folge $x_1(t)$ und p Impulse der Folge $x_2(t)$. Die Länge von I ist T_0 (vgl. (M-Gl. 32) und Abb. 42).

Da $x_1(t)$ q Impulse in I hat, liefert diese Impulsfolge „aus I heraus" (d. h. der Anfangspunkt des ISI ist ein Impuls, der in I liegt) q- mal die ISI der folgenden Längen als Abstände zu den Impulsen der eigenen Impulsfolge $x_1(t)$:

q- mal das ISI der Länge $p\,T_k = T_1$,

q- mal das ISI der Länge $2\,p\,T_k = 2T_1$,

q- mal das ISI der Länge $3\,p\,T_k = 3T_1$,

usw.

q- mal das ISI der Länge $r\,p\,T_k = r\,T_1$,

für alle positiven ganzen Zahlen r.

Da $x_2(t)$ p Impulse in I hat, liefert diese Impulsfolge aus I heraus p- mal die ISI der folgenden Längen zu den Impulsen der eigenen Impulsfolge $x_2(t)$:

p- mal das ISI der Länge $q\,T_k = T_2$,

p- mal das ISI der Länge $2q\,T_k = 2T_2$,

p- mal das ISI der Länge $3q\,T_k = 3T_2$,

usw.

p- mal das ISI der Länge $r\,q\,T_k = r\,T_2$,

für alle positiven ganzen Zahlen r.

3.1.3.2. Interspike Intervals (ISI) zwischen zwei Impulsfolgen
Seien $x_1(t)$, $x_2(t)$ und $J(t)$ wieder wie in (M-Gl. 39) gegeben. Jedes ISI der Länge d zwischen einem Impuls von $x_1(t)$ und einem Impuls von $x_2(t)$ hat die Form:

$$d = nT_1 - mT_2 = nT_1 - m\,s^{-1}\,T_1 = (n\text{-}s^{-1}\,m)T_1$$
(M-Gl. 43)

oder

$$d = \tilde{n}\,T_2 - \tilde{m}\,T_1 = \tilde{n}\,s^{-1}\,T_1 - \tilde{m}\,T_1 = (\tilde{n}\,s^{-1}\text{-}\tilde{m})T_1.$$
(M-Gl. 44)

1. Ist s irrational, so sind durch die Gleichungen $n - s^{-1} m = b_1$ und $\tilde{n} s^{-1} - \tilde{m} = b_2$ für jedes Paar $(n;m)$ und $(\tilde{n};\tilde{m})$ ein b_1 und ein b_2 eineindeutig bestimmt, d. h.:

$$(n_1;m_1) \neq (n_2;m_2) \Leftrightarrow n_1 - s^{-1} m_1 \neq n_2 - s^{-1} m_2$$
$$(\tilde{n}_1;\tilde{m}_1) \neq (\tilde{n}_2;\tilde{m}_2) \Leftrightarrow \tilde{n}_1 s^{-1} - \tilde{m}_1 \neq \tilde{n}_2 s^{-1} - \tilde{m}_2$$

Weil zudem $b_1 \neq b_2$ für alle Paare $(n;m) \neq (0;0) \neq (\tilde{n};\tilde{m})$ ist, folgt, dass nur eine der Gleichungen (M-Gl. 43) oder (M-Gl. 44) erfüllt ist. Das ISI d ist durch genau ein Paare $(n;m)$ oder $(\tilde{n};\tilde{m})$ eindeutig bestimmt. Also kommt jedes ISI zwischen den beiden Folgen genau einmal vor.

2. Sollen $x_1(t)$ und $x_2(t)$ Impulsfolgen sein, die Koinzidenz aufweisen, dann ist das Schwingungsverhältnis eine rationale Zahl. Dann gilt auch hier wieder (M-Gl. 23)/ (M-Gl. 26):

$$s = \frac{p}{q} = \frac{T_1}{T_2} \quad \text{und:}$$

$$T_0 = p T_2 = q T_1 = p q T_k$$
$$\Leftrightarrow$$
$$T_1 = p T_k \quad \text{und} \quad T_2 = q T_k$$
$$\text{(M-Gl. 45)}$$

Aus (M-Gl. 43) und (M-Gl. 44) erhält man dann die beiden Gleichungen

$$d = \left(n - \frac{q}{p} m\right) T_1 = \left(n - \frac{q}{p} m\right) p T_k = (n p - m q) T_k = b T_k \quad \text{und}$$

$$d = \left(\tilde{n} \frac{q}{p} - \tilde{m}\right) T_1 = \left(\tilde{n} \frac{q}{p} - \tilde{m}\right) p T_k = (\tilde{n} q - \tilde{m} p) T_k = b T_k$$
$$\text{(M-Gl. 46)}$$

Also sind ganze Zahlen n und m, sowie $\tilde{n}$ und $\tilde{m}$ gesucht, so dass die Gleichungen

$$n p - m q = b \quad \text{und} \quad \tilde{n} q - \tilde{m} p = b$$
$$\text{(M-Gl. 47)}$$

erfüllt sind, wobei

$$b = \frac{d}{T_k} = \frac{d\,p}{T_1}$$

eine ganze Zahl ist. Beide Gleichungen sind lösbar (vgl. 3.1.1.2). Nach (M-Gl. 9) sind die Gleichungen (M-Gl. 47) äquivalent zu

$$n\,p \equiv b \bmod_q \text{ und } \tilde{n}\,q \equiv b \bmod_p.$$
(M-Gl. 48)

Zu b existiert dann eine $\bmod_q$ eindeutige Lösung $(n_0;m_0)$ und eine $\bmod_p$ eindeutige Lösung. $(\tilde{n}_0;\tilde{m}_0)$ (3.1.1.2, vgl. Indlekofer 1978 S 85 IV. Satz), insgesamt also zwei Lösungen $\bmod_p$ bzw. $\bmod_q$. Mit allen ganzen Zahlen k sind nach Gleichung (M-Gl. 10) die Paare $(n;m) = (n_0 + k\,q; m_0 + k\,p)$ bzw. $(\tilde{n};\tilde{m}) = (\tilde{n}_0 + k\,p; \tilde{m}_0 + kq)$ sämtliche Lösungen von (M-Gl. 48). Für jedes dieser Paare erhält man mit (M-Gl. 46) das ISI der Länge d.

Daraus folgt für die Häufigkeit der verschiedenen ISI:
Jedes ISI der Länge

$$d = b T_k = \frac{b T_1}{p}$$

(b beliebige ganze Zahl) gibt es also $\bmod_p$ bzw. $\bmod_q$ genau zweimal als Abstand zwischen zwei Impulsen der beiden Impulsfolgen $x_1(t)$ und $x_2(t)$ (vgl. Abb. 42).

3.1.3.3. Häufigkeit der ISI im Koinzidenzintervall
Um Intervalle des jeweiligen Schwingungsverhältnisses

$$s = \frac{p}{q}$$

miteinander vergleichen zu können, sollen nur ISI bis zu einer Länge von $d = p\,q\,T_k = T_0$ gezählt werden, die die q Impulse von $x_1(t)$ und p Impulsen von $x_2(t)$ - also die Impulse in einem Koinzidenzintervall - mit den übrigen Impulsen beider Folgen bilden (vgl. Abb. 42). Es werden also ausschließlich die ISI betrachtet, die im Koinzidenzintervall I beginnen.

Jedes ISI mit der Länge $\tau = bT_k$ kommt zweimal als Abstand zwischen Impulsen von $x_1(t)$ und $x_2(t)$ vor (vgl. 3.1.3.2):

$$\text{Häufigkeit: } h_{12} = \frac{2}{T_0};$$

darüber hinaus kommt jedes ISI mit der Länge $\tau = r\,p\,T_k = rT_1$, mit $r \leq q$ zusätzlich noch q- mal vor (vgl. 3.1.3.1), insgesamt also $(q+2)$- mal:

$$\text{Häufigkeit: } h_1 = \frac{(q+2)}{T_0};$$

jedes ISI mit der Länge $\tau = r\,q\,T_k = rT_2$, mit $r \leq p$ kommt zusätzlich noch p- mal vor (vgl. 3.1.3.1), also insgesamt $(p+2)$- mal:

$$\text{Häufigkeit: } h_2 = \frac{(p+2)}{T_0}.$$

Das ISI mit der Länge $\tau = p\,q\,T_k = T_0$ ist durch zwei Koinzidenzpunkte begrenzt und kommt zusätzlich $(p+q)$- mal vor. (vgl. 3.1.3.1 für $x_1(t)$ und für $x_2(t)$):

$$\text{Häufigkeit: } h_k = \frac{p+q+2}{T_0}.$$

Ein Vergleich dieser Häufigkeiten mit den Koeffizienten von (M-Gl. 251) zeigt, das die einzelnen gezählten Häufigkeiten der ISI mit den Koeffizienten der Autokorrelationsfunktion für Intervalle aus Impulsfolgen übereinstimmen. Folglich gibt die Autokorrelationsfunktion die Häufigkeiten der ISI an.

Stellt man die Häufigkeiten der ISI in Histogrammen dar (vgl. Abb. 43 und Abb. 44), so erhält man:

- 1-mal einen Balken der Höhe $h_k = \dfrac{p+q+2}{T_0}$

  (Koinzidenz für Perioden der Länge T_0);

- $(p-1)$- mal einen Balken der Höhe $h_2 = \dfrac{(p+2)}{T_0}$

  (für Perioden der Länge $r\,q\,T_k$ mit $r < p$);

- $(q-1)$- mal einen Balken der Höhe $h_1 = \dfrac{(q+2)}{T_0}$

  (für Perioden der Länge $r\,pT_k$ mit $r < q$);

- $(pq - p - q + 1)$- mal einen Balken der Höhe $h_{12} = \dfrac{2}{T_0}$

  (für die übrigen Perioden der Länge T_k).

Durch Quadrieren dieser Balkenhöhen und Aufsummieren erhält man ein statistisches Koinzidenzmaß, das dem durch Autokorrelation errechneten Koinzidenzmaß $\kappa_\delta(s)$ (M-Gl. 275) bzw. $K_\varepsilon(s)$ (M-Gl. 296) für ein rationales s entspricht:

$$
\begin{aligned}
\kappa\!\left(\frac{p}{q}\right) &= 1\frac{(p+q+2)^2}{T_0^2} + (p-1)\frac{(p+2)^2}{T_0^2} + (q-1)\frac{(q+2)^2}{T_0^2} + (pq - p - q + 1)\frac{2^2}{T_0^2}\\
&= \frac{1}{T_0^2}\left(p^3 + q^3 + 4p^2 + 4q^2 + 6pq\right)
\end{aligned}
$$

$$\text{(M-Gl. 49)}$$

3.1.3.5 Häufigkeiten der ISI am Beispiel der großen Terz

Seien zwei Impulsfolgen im Verhältnis der großen, reinen Terz 5:4 gegeben (vgl. 1.2.3, Abb. 2 und
Abb. 3). Der großen Terz entspricht das Verhältnis

$$
s = \frac{5}{4} = \frac{T_1}{T_2}, \quad p = 5, \quad q = 4.
$$

Der Koinzidenzgrad der großen reinen Terz ist nach (M-Gl. 49):

$$
\kappa\!\left(\frac{5}{4}\right) = \frac{473}{T_0^2} = 1{,}183\,\frac{1}{T_k^2}.
$$

Nach (M-Gl. 23) ist $T_1 = 5T_k$ und $T_2 = \dfrac{4}{5}T_1 = 4T_k$ und es gilt:

$$
x_1(t) = \sum_{n=-\infty}^{\infty} \delta(t - nT_1) = \sum_{n=-\infty}^{\infty} \delta(t - n5T_k)
$$

$$\text{(M-Gl. 50)}$$

sowie

$$x_2(t) = \sum_{m=-\infty}^{\infty} \delta(t - mT_2) = \sum_{m=-\infty}^{\infty} \delta(t - m\frac{4}{5}T_1) = \sum_{n=-\infty}^{\infty} \delta(t - m4T_k)$$
(M-Gl. 51)

Nach (M-Gl. 26) ist $T_0 = 4T_1 = 5T_2 = 20T_k$ die Periode von $J(t) = x_1(t) + x_2(t)$.
Also genügt es, die ISI der Längen von $\tau = 0T_k$ bis $\tau = 20T_k$ zu betrachten.

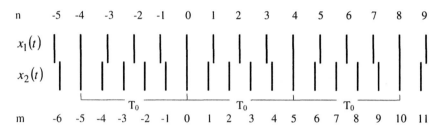

Abb. 41: Zwei Impulsfolgen, deren Perioden im Verhältnis 5:4 stehen. Jede vierte Periode der ersten Folge koinzidiert mit jeder fünften der zweiten Folge. Der Abstand zwischen zwei Koinzidenzpunkten ist T_0.

Die ISI zwischen Impulsen von $x_1(t)$, die im Koinzidenzintervall $[0;T_0]$ liegen, und anderen Impulsen von $x_1(t)$, sind gegeben durch die Gleichung

$$\tau = (n_1 - m_1)5T_k = b_1T_k .$$
(M-Gl. 52)

Die ISI zwischen Impulsen von $x_2(t)$, die im Koinzidenzintervall $[0;T_0]$ liegen, und anderen Impulsen von $x_2(t)$, sind gegeben durch die Gleichung

$$\tau = (n_2 - m_2)4T_k = b_2T_k$$
(M-Gl. 53)

Die ISI zwischen den Impulse von $x_1(t)$ und $x_2(t)$ sind von der Form (vgl. (M-Gl. 47)):

$$\tau = (5n - 4m)T_k = (4\tilde{n} - 5\tilde{m}) = bT_k$$
(M-Gl. 54)

Da es zur Bestimmung der relativen Häufigkeit der ISI zwischen $x_1(t)$ und $x_2(t)$ genügt, die ISI für eine Periode von $J(t)$ zu zählen, genügt es, die Gleichungen

$$(n_1 - m_1)5 = (n_2 - m_2)4 = b$$
(M-Gl. 55)

bzw.

$$(5n - 4m) = (4\tilde{n} - 5\tilde{m}) = b$$
(M-Gl. 56)

für die $b = 1, 2, \ldots b = 5 \cdot 4 = 20$ zu lösen, die das Koinzidenzintervall $I =]0; T_0]$ repräsentieren.

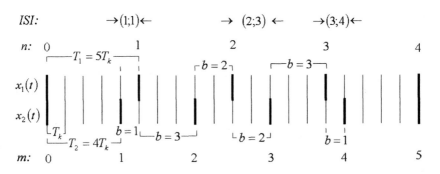

Abb. 42: In jedem Intervall der Länge T_0 („Koinzidenzintervall") bilden die Impulse jeweils zweimal die ISI der Längen $\tau = 1T_k$, $\tau = 2T_k$ und $\tau = 3T_k$. Jedes ISI der Länge $\tau = bT_k$ (b natürliche Zahl) kommt genau zweimal als Abstand zwischen einem Impuls von $x_1(t)$ und einem Impuls von $x_2(t)$ vor. Oben sind drei ISI als Beispiele eingezeichnet: die ISI (1;1) und (3;4) haben die Länge $\tau = 1T_k$, das ISI (2;3) hat die Länge $\tau = 2T_k$.

Die Impulsfolge $x_1(t)$ hat in I vier Impulse. Die Gleichung (M-Gl. 55): $(n_1 - m_1)5 = b$ ist nur für $b \in \{5, 10, 15, 20\}$ in I lösbar. Für jedes dieser b gibt es damit jeweils vier Lösungen

$$m_1 = n_1 - \frac{b}{5}$$

für die vier Zahlen $n_1 \in \{1, 2, 3, 4\}$.

Die Restklassen modulo 4 sind $\overline{0} = \overline{4}, \overline{1}, \overline{2}, \overline{3}$, die Restklassen modulo 5 sind $\overline{0} = \overline{5}, \overline{1}, \overline{2}, \overline{3}, \overline{4}$ (vgl. (M-Gl. 48)). Also kommt jedes ISI mit der Länge $\tau = r5T_k = bT_k$ (mit $r \le 4$) zwischen Impulsen von $x_1(t)$ 4- mal vor.

Die Impulsfolge $x_2(t)$ hat im Intervall I die fünf Impulse $\delta(t - 4T_k)$; $\delta(t - 8T_k)$; $\delta(t - 12T_k)$; $\delta(t - 16T_k)$; $\delta(t - 20T_k)$ also die Impulse $\delta(t - n4T_k)$ mit $n \in \{1,2,3,4,5\}$. Die Gleichung (M-Gl. 55): $(n_2 - m_2)4 = b$ ist nur für $b \in \{4,8,12,16,20\}$ lösbar. Für jedes dieser b gibt es fünf Lösungen

$$m_2 = n_2 - \frac{b}{4}$$

für die fünf Zahlen $n_2 \in \{1,2,3,4,5\}$, die den fünf Impulsen von $x_2(t)$ in I entsprechen. Also kommt jedes ISI mit der Länge $\tau = r4T_k = bT_k$ (mit $r \le 5$) zwischen Impulsen von $x_2(t)$ 5- mal vor.

Die mod_4 eindeutigen Lösungen $(n_0; m_0)$ und die mod_5 eindeutigen Lösungen $(\tilde{n}_0; \tilde{m}_0)$ von (M-Gl. 56) sind in der Tabelle 4 zusammengestellt:

	$(n_0; m_0)$	$(\tilde{n}_0; \tilde{m}_0)$
$b = 0$	(4;5)	(5;4) ≡ (0;0)
$b = 1$	(1;1)	(4;3)
$b = 2$	(2;2)	(3;2)
$b = 3$	(3;3)	(2;1)
$b = 4$	(4;4)	(1;0)
$b = 5$	(1;0)	(5;3)
$b = 6$	(2;1)	(4;2)
$b = 7$	(3;2)	(3;1)
$b = 8$	(4;3)	(2;0)
$b = 9$	(1;-1)	(1;-1)
$b = 10$	(2;0)	(5;2)
$b = 11$	(3;1)	(4;1)
$b = 12$	(4;2)	(3;0)
$b = 13$	(1;-2)	(2;-1)
$b = 14$	(2;-1)	(1;-2)
$b = 15$	(3;0)	(5;1)
$b = 16$	(4;1)	(4;0)
$b = 17$	(1;-3)	(3;-1)
$b = 18$	(2;-2)	(2;-2)
$b = 19$	(3;-1)	(1;-3)
$b = 20$	(4;0)	(5;0)

Tabelle 4 zeigt die mod_4 eindeutigen Lösungen $(n_0; m_0)$ von (M-Gl. 56) und die mod_5 eindeutigen Lösungen $(\tilde{n}_0; \tilde{m}_0)$ von (M-Gl. 56).

Beschränkt man sich auf die Betrachtung des ersten Koinzidenzintervalls der Länge $T_0 = 4 \cdot 5\,T_k$, so erhält man die folgende Statistik für die Häufigkeit der ISI, die sich auf die Gleichungen:

$b = |5(m_1 - m_2)|$ für die ISI aus Impulsen von $x_1(t)$ in I mit Impulsen von $x_1(t)$,

$b = |4(n_1 - n_2)|$ für die ISI aus Impulsen von $x_2(t)$ in I mit Impulsen von $x_2(t)$,

$b = |5n - 4m|$ für die ISI aus Impulsen von $x_1(t)$ in I mit Impulsen von $x_2(t)$,

$b = |4\tilde{n} - 5\tilde{m}|$ für die ISI aus Impulsen von $x_2(t)$ in I mit Impulsen von $x_1(t)$

bezieht. Die Lösungen werden als Tupel angegeben. Die letzte Spalte zeigt unter H die Häufigkeit des jeweiligen ISI an, die gleich der Anzahl der in jeder Zeile angegebenen Lösungen ist.

b	(n;m)	$(\tilde{n};\tilde{m})$	(n₁;n₂)	(m₁;m₂)	H
0	(4;5)	(0;0)	(0;0), (1;1), (2;2), (3;3), (4;4)	(0;0), (1;1), (2;2), (3;3)	11
1	(1;1)	(4;3)			2
2	(2;2)	(3;2)			2
3	(3;3)	(2;1),			2
4	(4;4)	(1;0)	(0;1), (1;2), (2;3), (3;4), (4;5)		7
5	(1;0)	(5;3)		(0;1), (1;2), (2;3), (3;4)	6
6	(2;1)	(4;2)			2
7	(3;2)	(3;1)			2
8	(4;3)	(2;0)	(0;2), (1,3), (2;4), (3;5), (4;6)		7
9	(1;-1),	(1;-1)			2
10	(2;0)	(5;2)		(0;2), (1,3), (2;4), (3;5),	6
11	(3;1)	(4;1)			2
12	(4;2)	(3;0)	(0;3), (1;4); (2;5), (3;6), (4;7)		7
13	(1;-2)	(2;-1)			2
14	(2;-1)	(1;-2)			2
15	(3;0)	(5;1),		(0;3), (1;4); (2;5), (3;6)	6
16	(4;1)	(4;0)	(0;4), (1;5), (2;6), (3;7), (4;8)		7
17	(1;-3)	(3;-1)			2
18	(2;-2)	(2;-2)			2
19	(3;-1)	(1;-3)			2
20	(4;0)	(5;0)	(0;5), (1;6), (2;7), (3;8), (4;9)	(0;4), (1;5), (2;6), (3;7),	11

Tabelle 5: Für die ganzen Zahlen b zwischen 0 und 20 sind die Lösungspaare der Gleichung (M-Gl. 55): $(n_1 - m_1)4 = (n_2 - m_2)5 = b$ zur Bestimmung der ISI zwischen Impulsen derselben Impulsfolge $x_1(t)$ oder $x_2(t)$ und (M-Gl. 56): $(4n - 5m) = (5\tilde{n} - 4\tilde{m}) = b$ zur Bestimmung der ISI zwischen Impulsen von $x_1(t)$ mit $x_2(t)$ angegeben, um die Häufigkeiten der ISI im ersten Koinzidenzintervall für die große Terz abzuzählen.

Die in der Tabelle 5 für $p = 5$ und $q = 4$ abgezählten Häufigkeiten stimmen mit den in 3.1.3.4 für p und q allgemein bestimmten Häufigkeiten überein.

Das folgende Histogramm veranschaulicht diese Häufigkeitsverteilung. Wegen der Periodizität wiederholt sich diese Häufigkeitsverteilung in jedem weiteren Koinzidenzintervall

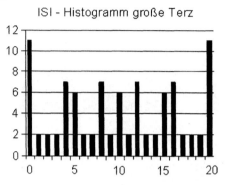

Abb. 43: Darstellung der in Tabelle 5 ermittelten Häufigkeiten der ISI für die große Terz in einem Histogramm.

3.1.3.6 ISI – Histogramme für die wichtigsten Intervalle

Entsprechend lassen sich nach 3.1.3.5 die Häufigkeiten der ISI für alle rationalen Zahlen

$$s = \frac{p}{q}$$

berechnen. Für die wichtigsten Intervalle erhält man folgende ISI - Histogramme:

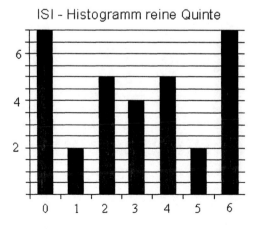

ISI - Histogramm reine Quarte

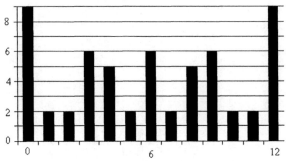

ISI - Histogramm große Sexte

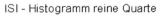
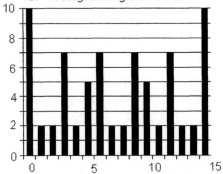

ISI - Histogramm kleine Sexte

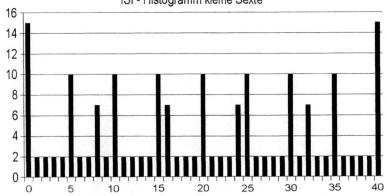

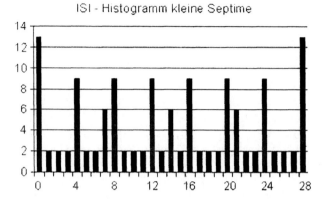

Abb. 44: Häufigkeitsverteilungen der ISI für die wichtigsten Intervalle, dargestellt in Histogrammen

3.2. Korrelationsfunktionen
3.2.1. Plausibilitätsbetrachtungen
3.2.1.1. Ein Gedankenexperiment
Es soll abgeschätzt werden, wie weit zwei Zahlen a und b einer nach oben und unten durch A und $-A$ beschränkten Menge auseinander liegen:

$$- A \leq ab \leq A$$

Wie „gleich" sind a und b?
1. Sind a und b maximal, so ist:

$$a = b = A \Rightarrow a^2 = b^2 = ab = A^2$$

Das Quadradieren liefert den maximalen Wert für das Produkt.

Ist umgekehrt $ab = A^2$, dann ist $a = b = A$ oder $a = b = -A$.

In beiden Fällen ist also $a = b$.
2. Sei $0 < a$.

Ist b vorgegeben und $a < b$, so ist ab „mittelgroß": $a^2 < ab < b^2$.

Wird a sehr klein, so wird auch ab sehr klein und a und b sind sehr ungleich:

$$\lim_{a \to 0} ab = 0 .$$

Wird dagegen a sehr groß, so wird auch ab sehr groß:

$$\lim_{a \to b} ab = b^2.$$

In diesem Fall sind a und b „fast gleich". Bei vorgegebenen b kann man aus dem Produkt ab unmittelbar ablesen, wie nahe a an b liegt (wie gleich a und b sind).

3. Ist $a < 0 < b$, so ist $ab < 0$. Ist jetzt $a << 0$ oder $b >> 0$, dann ist $ab << 0$. Je „mehr" ab negativ ist, umso ungleicher sind a und b bei zusätzlich ungleichem Vorzeichen.

4. Sind $a < 0$ und $b < 0$, so ist $ab > 0$. Die Überlegungen aus 2. gelten nun analog: Ist b vorgegeben, und $b < a < 0$, so ist ab „mittelgroß", d. h.:

$$0 < a^2 < ab < b^2.$$

Je näher a bei 0 liegt, umso kleiner wird ab:

$$\lim_{a \to 0} ab = 0.$$

Liegt dagegen a sehr nahe bei b, so wird auch ab sehr groß:

$$\lim_{a \to b} ab = b^2.$$

Insgesamt sieht man, dass aus dem Produkt abgeschätzt werden kann, ob a und b nahe beieinander liegen, oder nicht, insbesondere wenn die größere Zahl bekannt ist oder abschätzen werden kann (oder die gemeinsame Schranke A).

3.2.1.2. Das Überlappungsintegral

Diese Überlegungen kann man sich beim Vergleich von Funktionen zunutze machen. Sind nämlich $x, y : A \to B$ zwei Funktionen, die verglichen werden sollen, so kann man aus dem Produkt $x(t)y(t)$ abschätzen, ob $x(t)$ und $y(t)$ gut übereinstimmen oder nicht: je näher $x(t)$ und $y(t)$ beieinander liegen, umso größer ist dann auch $x(t)y(t)$. Ist einer der Werte negativ, und der andere positiv, so ist auch das Produkt $x(t)y(t)$ negativ.

Addiert man alle Werte des Produktes $x(t)y(t)$, so erhält man ein Maß für die Übereinstimmung der Funktionswerte von $x(t)$ und $y(t)$:

$$C = \sum_i x_i y_i$$

(M-Gl. 57)

bei abzählbaren, diskreten Werten, bzw.:

$$C = \int_A^B x(t) \; y(t) \, dt$$

(M-Gl. 58)

bei über $[A,B]$ stetigen Funktionen. Je größer C ist, umso besser stimmen $x(t)$ und $y(t)$ überein, sie sind „korreliert". Stimmen $x(t)$ und $y(t)$ nicht gut überein, so sind die Vorzeichen von $x(t)$ oder $y(t)$ auch „häufig" verschieden. Weil sich die positiven und negativen Werte gegenseitig kompensieren, nimmt C dann kleine Werte an: $x(t)$ und $y(t)$ sind nicht (oder sehr wenig) korreliert.

Zum Verständnis des „Überlappungsintegrals" (M-Gl. 58) gibt W. M. Hartmann ([4]2000 S.174) die folgende Plausibilitätsbetrachtung: „A single number that provides a sensible statistic deciding whether $x(t)$ and $y(t)$ are the same is the overlap integral.

$$c_0 = \frac{1}{T_D} \int_0^{T_D} x(t) \, y(t) dt \, ,$$

where T_D is an arbitrary measuring time and does not indicate period. It is easy to see why c_0 is a good statistic. If $y(t)$ tends to be positive when $x(t)$ is positive, and $y(t)$ tends to be negative when $x(t)$ is negative, then positive contributions to the overlap integral will occur. On the other hand, if $x(t)$ and $y(t)$ are not correlated, then each is positive or negative independent of the other. Then, because there is no DC component, the overlap integral is zero over the long run." Durch die Multiplikation mit dem Faktor

$$\frac{1}{T_D}$$

wird c_0 zum Durchschnittswert aller Produkte $x(t) y(t)$.

3.2.1.3. Der Korrelationskoeffizient

Zur besseren Vergleichbarkeit mit anderen Fällen kann man C noch normieren, und erhält dann den als Durchschnittswert denKorrelationskoeffizienten C_0, etwa:

$$C_0 = \frac{1}{N} \sum_{i=1}^{N} x_i y_i$$

(M-Gl. 59)

bzw.:

$$C_0 = \frac{1}{T} \int_0^T x(t)y(t)dt \,.$$

(M-Gl. 60)

3.2.1.4. Die Kreuzkorrelationsfunktion

Der Korrelationskoeffizient liefert ein Maß für die Übereinstimmung der Funktion $x(t)$ mit der Funktion $y(t)$, indem für jedes t die entsprechenden Funktionswerte verglichen werden. Es gibt aber Funktionen, deren Bilder erst gut übereinstimmen, nachdem man die Urbildmenge der Funktion verschoben hat. So sind periodische Funktionen nach der Verschiebung um die Periode τ (oder ein Vielfaches von τ) identisch:

$$f(t) = f(t + \tau) = f(t + n\tau)$$

(M-Gl. 61)

z. B.: $\cos(t) = \cos(t + 2\pi)$, aber auch: $\cos(t) = \sin\left(t + \frac{\pi}{2}\right)$.

Man kann also Funktionen durch Verschiebungen der Urbildmenge zu verschieden großer Übereinstimmung bringen, periodische Funktionen durch Verschiebung um eine Periode auch zur Identität. Um zu sehen, für welchen Wert der Verschiebung die Übereinstimmung wie gut wird, bildet man den Korrelationskoeffizienten C_0 für beliebige Verschiebungswerte τ. Das führt zur Kreuzkorrelationsfunktion:

$$C_{xy}(\tau) = \frac{1}{T} \cdot \int_0^T x(t)\, y(t + \tau)\, dt\,.$$

(M-Gl. 62)

Sonderfälle (vgl. 3.2.2.1): Falls das entsprechende Integral existiert, bildet man auch (vgl. (M-Gl. 73) und (M-Gl. 74)):

$$\gamma_{xy}(\tau) = \int_{-\infty}^{\infty} x(t)\, y(t + \tau)\, dt\,,$$

(M-Gl. 63)

und wenn der entsprechende Grenzwert existiert als Durchschnittswert (z.B. bei periodischen Funktionen; vgl. (M-Gl. 92) und (M-Gl. 93)):

$$c_{xy}(\tau) = \lim_{T \to \infty} \frac{1}{2T} \int_{-T}^{T} x(t)\, y(t + \tau)\, dt\,.$$

(M-Gl. 64)

3.2.1.5. Die Autokorrelationsfunktion

Will man wissen, ob sich die Funktionswerte einer Funktion $x(t)$ immer wieder ähnlich oder genauso wiederholen (periodische Funktionen), bildet man die Kreuzkorrelationsfunktion von $x(t)$ mit sich selbst. Diese Funktion heißt Autokorrelationsfunktion:

$$R(\tau) = \frac{1}{T} \int_0^T x(t)\, x(t + \tau)\, dt\,.$$

(M-Gl. 65)

Sonderfälle:
Man bildet auch (vgl. (M-Gl. 75)):

$$\rho(\tau) = \int_{-\infty}^{\infty} x(t)\, x(t + \tau)\, dt\,,$$

(M-Gl. 66)

falls das Integral existiert, und bei periodischen Funktionen bildet man den Grenzwert (vgl. (M-Gl. 91)):

$$a(\tau) = \lim_{T \to \infty} \frac{1}{2T} \int_{-T}^{T} x(t)\, x(t + \tau) dt .$$

(M-Gl. 67)

Die Autokorrelationsfunktion hat für solche Verschiebungswerte τ große Werte $a(\tau)$, für die die Funktionen $x(t)$ und $x(t + \tau)$ gut übereinstimmen:

Bemerkenswert ist die folgende Eigenschaft der Autokorrelationsfunktion einer periodischen Funktion $x(t)$:

Ist $x(t)$ periodisch und ist τ_p eine Periode, so ist $a(\tau_p)$ maximal, d. h. für alle τ gilt: $a(\tau_p) \geq a(\tau)$. Daher ist die Autokorrelationsfunktion geeignet, die Perioden einer periodischen Funktion anzuzeigen. Ist τ_p Periode von $x(t)$, dann sind natürlich auch $2\tau_p, 3\tau_p, \ldots, n\tau_p$ Perioden von $x(t)$. Daher ist $a(\tau_p) = a(n\tau_p)$ maximal für alle ganzzahligen Vielfachen von τ_p (vgl. (M-Gl. 95) und (M-Gl. 96), sowie 1.4.4).

3.2.1.6. Autokorrelationsfunktion einer Summe von Funktionen

Seien zwei Funktionen $f(t)$ und $g(t)$ und deren Summe gegeben. Ist $a_f(\tau)$ die Autokorrelationsfunktion von $f(t)$ und $a_g(t)$ die Autokorrelationsfunktion von $g(t)$. Die Kreuzkorrelationen von $f(t)$ und $g(t)$ seinen $c_{fg}(\tau)$ und $c_{gf}(\tau)$. Die Autokorrelationsfunktion von $f(t) + g(t)$ ist die Summe aus den Autokorrelationsfunktionen und den Kreuzkorrelationsfunktionen:

$$a_{f+g}(\tau) = \int (f + g)(t)\ (f + g)(t + \tau)\, dt = \int [f(t) + g(t)]\ [f(t + \tau) + g(t + \tau)]\, dt$$

$$= \int f(t)\, f(t + \tau)\, dt + \int f(t)\, g(t + \tau)\, dt + \int g(t)\, f(t + \tau)\, dt + \int g(t)\, g(t + \tau)\, dt$$

$$= a_f(\tau) + a_g(\tau) + c_{fg}(\tau) + c_{gf}(\tau)$$

(M-Gl. 68)

3.2.2. Theorie der Korrelationsfunktionen

Die Darstellung im Kapitel 3.2.2 folgt Papoulis 1962 S. 240ff.

3. 2.2.1. Klassifikation von Funktionen

Vor der Korrelationsanalyse erfolgt zunächst eine Klassifikation von Funktionen nach der durchschnittlichen Energie.

a) Sei $f(t)$ eine überall integrierbare Funktion $(t \in R)$. Ihre durchschnittliche Energie ist definiert als:

$$\overline{f^2} = \lim_{T \to \infty} \frac{1}{2T} \int_{-T}^{T} |f(t)|^2 dt.$$

(M-Gl. 69)

b) Sei $x(t)$ eine Folge diskreter Zahlen α_i, d. h.

$$x(t) = \sum_{n=-\infty}^{\infty} \alpha_n \, \delta(t - t_n),$$

(M-Gl. 70)

so setzt man analog zur durchschnittlichen Energie:

$$a_x := \lim_{T \to \infty} \frac{1}{2T} \sum_{\substack{n \in N \\ |t_n| < T}} |\alpha_n|^2.$$

(M-Gl. 71)

Drei Klassen von Funktionen lassen sich für a) bzw. b) unterscheiden:

1.Klasse: $\qquad \overline{f^2}(t) = 0 \qquad$ bzw. $\qquad a_x = 0$,

2.Klasse: $\qquad 0 < \overline{f^2}(t) < \infty \qquad$ bzw. $\qquad 0 < a_x < \infty$,

3.Klasse: $\qquad \overline{f^2}(t) = \infty \qquad$ bzw. $\qquad a_x = \infty$.

In die Klasse 1 fallen alle Funktionen mit endlicher Energie:

$$\int_{-\infty}^{\infty} |f(t)|^2 dt < \infty,$$

(M-Gl. 72)

in der Klasse 2 sind alle periodischen Funktionen enthalten, Funktionen der Klasse 3 sind hier ohne Bedeutung.

3.2.2.2. Funktionen der Klasse 1

Für diese Funktionen braucht die Konvergenz des Integrals nicht erzwungen zu werden, und man kann für reellwertige Funktionen $f(t)$ und $g(t)$ definieren:

$$\gamma_{12}(\tau) = \int_{-\infty}^{\infty} f(t)g(t+\tau)dt,$$

(M-Gl. 73)

$$\gamma_{21}(\tau) = \int_{-\infty}^{\infty} g(t)f(t+\tau)dt$$

(M-Gl. 74)

als Kreuzkorrelationsfunktionen von $f(t)$ und $g(t)$.

Als Autokorrelationsfunktion von $f(t)$ definiert man:

$$\rho(\tau) = \int_{-\infty}^{\infty} f(t)f(t+\tau)dt.$$

(M-Gl. 75)

Bei reellen Funktionen $f_1(t)$ und $f_2(t)$ der Klasse 1 mit den Fourierintegralen $F_1(\omega)$ und $F_2(\omega)$ lassen sich die Autokorrelationsfunktion und die Kreuzkorrelationsfunktionen aus den Fouriertransformierten berechnen.

Die Kreuzkorrelationsfunktionen sind durch ihre Kreuzkorrelationsspektren bestimmt. (Dabei gilt für eine reelle Funktion $f(t)$: $\overline{F}(\omega) = F(-\omega)$ (vgl. Papoulis 1962 S.11 (2-16)). Sei $F_1(\omega)$ die Fouriertransformierte von $f(t)$ und $F_2(\omega)$ die Fouriertransformierte von $g(t)$. Die Kreuzkorrelationsspektren sind gegeben durch:

$$E_{12}(\omega) = \overline{F}_1(\omega)F_2(\omega) = F_1(-\omega)F_2(\omega)$$

(M-Gl. 76)

$$E_{21}(\omega) = F_1(\omega)\overline{F}_2(\omega) = F_1(\omega)F_2(-\omega).$$

(M-Gl. 77)

Ihre Fouriertransformierten sind die Kreuzkorrelationen:

$$\rho_{12}(\tau) \leftrightarrow E_{12}(\omega) \quad und \quad \rho_{21}(\tau) \leftrightarrow E_{21}(\omega),$$
(M-Gl. 78)

d.h.: die eine Kreuzkorrelationsfunktion ist:

$$\rho_{12}(\tau) = \frac{1}{2\pi} \int\limits_{-\infty}^{\infty} E_{12}(\omega)\, e^{i\omega\tau} d\omega = \frac{1}{2\pi} \int\limits_{-\infty}^{\infty} \overline{F_1}(\omega) F_2(\omega)\, e^{i\omega\tau} d\omega$$

$$= \frac{1}{2\pi} \int\limits_{-\infty}^{\infty} F_1(-\omega) F_2(\omega)\, e^{i\omega\tau} d\omega$$
(M-Gl. 79)

und die andere Kreuzkorrelationsfunktion ist:

$$\rho_{21}(\tau) = \frac{1}{2\pi} \int\limits_{-\infty}^{\infty} E_{21}(\omega)\, e^{i\omega\tau} d\omega = \frac{1}{2\pi} \int\limits_{-\infty}^{\infty} F_1(\omega) \overline{F_2}(\omega)\, e^{i\omega\tau} d\omega$$

$$= \frac{1}{2\pi} \int\limits_{-\infty}^{\infty} F_1(\omega) F_2(-\omega)\, e^{i\omega\tau} d\omega$$
(M-Gl. 80)

Für die Autokorrelationsfunktion ist

$$F_1(\omega) = F_2(\omega) = F(\omega) \leftrightarrow f(t)$$
(M-Gl. 81)

$$\rho(\tau) = \frac{1}{2\pi} \int\limits_{-\infty}^{\infty} F(\omega) \overline{F}(\omega)\, e^{i\omega\tau} d\omega = \frac{1}{2\pi} \int\limits_{-\infty}^{\infty} F(\omega) F(-\omega) e^{i\omega\tau} d\omega,$$
(M-Gl. 82)

oder gleichbedeutend:

$$\rho(\tau) \leftrightarrow E(\omega) = F(\omega) F(-\omega).$$
(M-Gl. 83)

Notiert man $F(\omega)$ in Polarkoordinaten:

$$F(\omega) = A(\omega)e^{i\,\Phi(\omega)},$$

(M-Gl. 84)

so ist:

$$E(\omega) = F(\omega)\overline{F}(\omega) = A(\omega)e^{i\,\Phi(\omega)}A(\omega)e^{-i\,\Phi(\omega)} = A^2(\omega),$$

(M-Gl. 85)

und es gilt damit:

$$\rho(\tau) = \frac{1}{2\pi}\int\limits_{-\infty}^{\infty}A^2(\omega)e^{i\,\omega\tau}d\omega = \frac{1}{2\pi}\int\limits_{-\infty}^{\infty}A^2(\omega)\cos(\omega\tau)d\omega.$$

(M-Gl. 86)

Aus der Gleichung (M-Gl. 86) erkennt man als wichtige Eigenschaft der Autokorrelationsfunktion, dass $\rho(\tau)$ reell ist, also keine Phasen besitzt.

$E_{12}(\omega)$ und $E_{21}(\omega)$ (vgl. (M-Gl. 76)/ (M-Gl. 77)) nennt man auch die Kreuzenergiespektren von $f(t)$ und $g(t)$, $E(\omega) = A^2(\omega) = \overline{F}(\omega)F(\omega)$ ist das Energiespektrum von $f(t)$.

Mit dem Faltungstheorem kann man auch schreiben:

$$\rho_f(\tau) = f(\tau) * f(-\tau)$$
$$\gamma_{12}(\tau) = f_1(-\tau) * f_2(\tau)$$
$$\gamma_{21}(\tau) = f_1(\tau) * f_2(-\tau)$$

(M-Gl. 87)

Die Autokorrelationsfunktionen und die beiden Kreuzkorrelationsfunktionen können sowohl über die Energiespektren nach (M-Gl. 78) und (M-Gl. 83), als auch direkt nach den Definition (M-Gl. 73), (M-Gl. 74) und (M-Gl. 75) berechnet werden. Da das Energiespektrum das Quadrat des Frequenzspektrums ist, das wiederum durch Fouriertransformation des Signals gebildet wird, ergibt sich, dass die Analyse eines Signals durch Autokorrelationsfunktion mit der Spektralanalyse des Signals äquivalent ist. Die Abb. 45 zeigt diesen Zusammenhang in einem Diagramm.

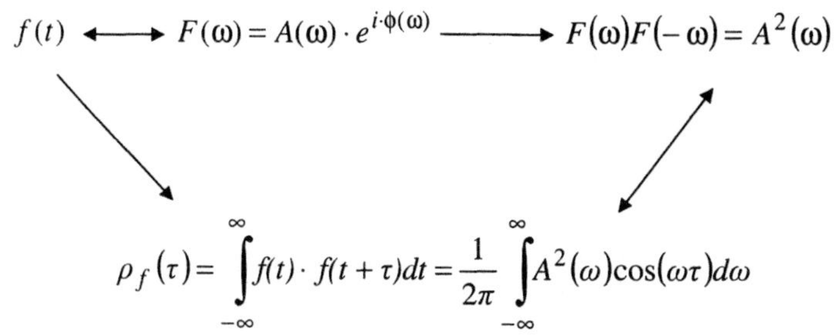

$$f(t) \longleftrightarrow F(\omega) = A(\omega) \cdot e^{i \cdot \phi(\omega)} \longrightarrow F(\omega)F(-\omega) = A^2(\omega)$$

$$\rho_f(\tau) = \int_{-\infty}^{\infty} f(t) \cdot f(t+\tau)dt = \frac{1}{2\pi} \int_{-\infty}^{\infty} A^2(\omega)\cos(\omega\tau)d\omega$$

Abb. 45: Die Autokorrelationsfunktion kann sowohl aus der Funktion $f(t)$ nach Definition gebildet werden, als auch als Fouriertransformierte des Energiespektrums $A^2(\omega)$. Doppelpfeile zeigen Fouriertransformationen an, einfache Pfeile bezeichnen formelmäßige Herleitungen.

Wichtige Eigenschaften der Autokorrelationsfunktionen ρ einer Funktion f sind:
Für alle τ des Definitionsbereichs gilt:

$$\rho(-\tau) = \rho(\tau),$$

(M-Gl. 88)

und

$$|\rho(\tau)| \le \rho(0) = \int_{-\infty}^{\infty} |f(t)|^2 dt,$$

(M-Gl. 89)

d. h. der Wert der Autokorrelationsfunktion bei $\tau = 0$ ist gleich der Energie von f und gleichzeitig obere Schranke der Funktionswerte. Wie schon erwähnt erkennt man, aus der Gleichung (M-Gl. 86), dass $\rho(\tau)$ reell ist, also keine Phasen besitzt.

Wichtige Eigenschaften der Kreuzkorrelationfunktionen zweier Funktionen $f(t)$ und $g(t)$ mit den Autokorrelationsfunktionen $\rho_f(\tau)$ und $\rho_g(\tau)$ sind (vgl. Papoulis 1962 S. 244f):

$$\gamma_{12}(-\tau) = \gamma_{21}(\tau)$$

$$2|\gamma_{12}(\tau)| \le \rho_f(0) + \rho_g(0)$$

$$2|\gamma_{12}(\tau)|^2 \le \rho_f(0)\rho_g(0)$$

(M-Gl. 90)

Für γ_{21} gelten analoge Gleichungen/ Ungleichungen.

3.2.2.3. Funktionen der Klasse 2

Bei reellen Funktionen der Klasse 2 - also auch bei allen reellen, periodischen Funktionen - ist die Autokorrelationsfunktion einer Funktion definiert durch:

$$a(\tau) = \lim_{T \to \infty} \frac{1}{2T} \int_{-T}^{T} f(t) f(t+\tau) dt$$

(M-Gl. 91)

und die Kreuzkorrelationsfunktionen zweier reeller Funktionen $f(t)$ und $g(t)$ sind:

$$c_{12}(\tau) = \lim_{T \to \infty} \frac{1}{2T} \int_{-T}^{T} f(t) g(t+\tau) dt$$

(M-Gl. 92)

$$c_{21}(\tau) = \lim_{T \to \infty} \frac{1}{2T} \int_{-T}^{T} g(t) f(t+\tau) dt \,.$$

(M-Gl. 93)

Auch hier ist (vgl. Papoulis S.252 1962 (12 – 62)):

$$c_{12}(-\tau) = c_{21}(\tau)$$

(M-Gl. 94)

Eine wichtige Eigenschaft der Autokorrelationsfunktion ist:

$$|a(\tau)| \le a(0) = \lim_{T \to \infty} \frac{1}{2T} \int_{-T}^{T} f(t)\, f(t)\, dt = \overline{f^2(t)} < \infty,$$

(M-Gl. 95)

d. h. ihr Wert bei $\tau = 0$ ist gleich der durchschnittlichen Energie, die gleichzeitig obere Schranke der Funktionswerte ist. Diese Eigenschaft (M-Gl. 95) ist die Grundlage für eine Periodizitätsanalyse durch die Autokorrelationsfunktion (vgl. 1.4.4; Beweis siehe: 3.9.1):

Da für reelle, periodische Funktionen $f(t)$ mit der Periode T gilt $f(t + nT) = f(t)$, folgt für die Autokorrelationsfunktion:

$$a(nT) = \lim_{T \to \infty} \frac{1}{2T} \int_{-T}^{T} f(t)\, f(t + nT)\, dt = \lim_{T \to \infty} \frac{1}{2T} \int_{-T}^{T} f^2(t)\, dt = a(0),$$

(M-Gl. 96)

also nimmt $a(\tau)$ tatsächlich – wie oben schon angemerkt - für alle Perioden nT das Maximum an. In dieser Eigenschaft der Autokorrelationsfunktion liegt ihre besondere Bedeutung für die Periodizitätsanalyse.

Das Energiespektrum $S(\omega)$ wird im Fall von Funktionen der Klasse 2 definiert als die Fouriertransformierte der nach Gleichung (M-Gl. 91) definierten Autokorrelation:

$$S(\omega) \leftrightarrow a(\tau)$$

(M-Gl. 97)

Auch hier sind das Energiespektrum und die Autokorrelationsfunktion reelle Funktionen und haben daher keine Phase (vgl. Papoulis 1962 S. 253 (12-70)).

3.3. Periodizitätsanalysen
Jede periodische Funktion lässt sich durch die Fourier – Analyse in eine Reihe von Kreisfunktionen entwickeln. Dann ist:

$$f(t) = \sum_{n=-\infty}^{\infty} a_n\, e^{i n \omega_0 t} \text{ mit } \omega_0 = \frac{2\pi}{T}$$

(M-Gl. 98)

die Fourier- Reihe zu f (komplexe Darstellung) mit den Fourierkoeffizienten a_n:

$$a_n = \frac{1}{T} \int_{-\frac{T}{2}}^{\frac{T}{2}} f(t) e^{-i n \omega_0 t} dt .$$

3.3.1. Analyse einer periodischen Funktion im Frequenzbereich

Schreibt man die Fourier – Koeffizienten als Impulse mit der Höhe der dazu gehörenden Amplitude, so erhält man das zu f gehörige Frequenzspektrum:

$$F(\omega) = 2\pi \sum_{n=-\infty}^{\infty} a_n \delta(\omega - n\omega_0) .$$

(M-Gl. 99)

$F(\omega)$ ist die Fouriertransformierte von $f(t)$. Sie ist eine Folge äquidistanter Impulse als Linienspektrum, mit:

ω_0: Abstand der Impulse und

a_n: Amplitude der n – ten harmonischen Komponente.

Notiert man die Quadrate der Fourier – Koeffizienten, d. h. die Quadrate der Amplituden als Höhen der Impulsfolge, so erhält man statt des Frequenzspektrums das Energiespektrum von f:

$$S(\omega) = 2\pi \sum_{n=-\infty}^{\infty} |a_n|^2 \delta(\omega - n\omega_0) .$$

(M-Gl. 100)

$S(\omega)$ ist das Leistungs- oder Energiespektrum von $f(t)$ als Linienspektrum äquidistanter Impulse, mit ω_0: Abstand der Impulse. (vgl. auch: Papoulis 1962 S. 250).

3.3.2. Analyse einer periodischen Funktion im Zeitbereich

Da die Periode einer Schwingung der Kehrwert ihrer Frequenz ist, lässt sich die harmonische Analyse einer periodischen Funktion auch durchführen, indem man sie auf die enthaltenen periodischen Anteile untersucht. Hierzu benutzt man die Autokorrelationsfunktion (vgl. (M-Gl. 91)):

$$a_f(\tau) = \lim_{T \to \infty} \frac{1}{2T} \int_{-T}^{T} f(t)\, f(t + \tau)\, dt\,,$$

(M-Gl. 101)

die nach (M-Gl. 95) und (M-Gl. 96) Maxima („Spitzen") für die Werte von τ hat, die Perioden der Frequenzkomponenten von f sind.

Die harmonische Analyse einer periodischen Funktion lässt sich also einerseits im Frequenzbereich (spektral) durch Fourier – Analyse, andererseits im Bereich der Periodizität (zeitlich) durch Autokorrelation durchführen. Die Verbindung zwischen der Analyse im spektralen Bereich und der Analyse im zeitlichen Bereich der Periodizität liefert die in (M-Gl. 97) dargestellte Beziehung, dass die Autokorrelationsfunktion a_f die Fourier – Transformierte des Energiespektrums ist (vgl. Abb. 45).

3.3.3. Fourier – Reihe und Autokorrelationsfunktion

Jede periodische Funktion lässt sich durch die Fourier- Analyse in eine Reihe von Kreisfunktionen entwickeln (Mangoldt/ Knopp 1958 3. Band S. 515 ff):
Geht man von der reellen, periodischen Funktion $x(t)$ aus:

$$x(t) = A_0 + \sum_{n=1}^{\infty} \left[A_n \cos(n\omega_0 t) + B_n \sin(n\omega_0 t) \right]$$

$$= A_0 + \frac{1}{2} \sum_{n=1}^{\infty} \left[(A_n - iB_n)e^{in\omega_0 t} + (A_n + iB_n)e^{-in\omega_0 t} \right]$$

(M-Gl. 102)

und setzt:

$$x_n{}' = \pi(A_n - i\, B_n)$$
$$x_{-n}{}' = \pi(A_n + i\, B_n)$$
$$x_0{}' = 2\pi A_0$$

(M-Gl. 103)

so ist (mit $a_n := \dfrac{x_n}{2\pi}$; vgl. Hartmann [4]2000 S. 177, Papoulis 1962 S. 42ff):

$$x(t) = \frac{1}{2\pi} \sum_{n=-\infty}^{\infty} x_n e^{in\omega_0 t} = \sum_{n=-\infty}^{\infty} a_n e^{in\omega_0 t}$$

$$\text{(M-Gl. 104)}$$

die Darstellung von $x(t)$ als Fourier – Reihe.

Die Autokorrelationsfunktion einer reellen, periodischen Funktion ist (vgl. Papoulis 1962 (12 - 55)/ (12 – 56)):

$$a(\tau) = \sum_{n=-\infty}^{\infty} |a_n|^2 e^{in\omega_0 \tau} = |a_0|^2 + 2 \sum_{n=1}^{\infty} |a_n|^2 \cos(n\omega_0 \tau),$$

$$\text{(M-Gl. 105)}$$

oder gleichbedeutend (vgl. Hartmann [4]2000 S. 337, (14.14) u. (14.15a)):

$$a(\tau) = \frac{1}{4\pi^2} \sum_{n=-\infty}^{\infty} |x_n|^2 e^{in\omega_0 \tau}$$

$$= \frac{1}{4\pi^2} \sum_{n=-\infty}^{\infty} |x_n|^2 \cos(n\omega_0 \tau) = A_0^2 + \frac{1}{2} \sum_{n=1}^{\infty} \left(A_n^2 + B_n^2\right) \cos(n\omega_0 \tau)$$

$$\text{(M-Gl. 106)}$$

(Nach (M-Gl. 103) ist: $|x_{-n}| = |x_n|$)

Die Funktion $a(\tau)$ ist offenbar stets reell. Deshalb enthält sie auch keine Phasen. Die Phasen von $x(t)$ liefern höchstens einen Beitrag zur Amplitude von $a(\tau)$ (vgl. auch (M-Gl. 86)).

Ist $x(t)$ gegeben in der Form (C_n reell):

$$x(t) = A_0 + \sum_{n=1}^{N} C_n \cos(n\omega_0 t + \varphi_n),$$

$$\text{(M-Gl. 107}$$

dann setzt man:

$$A_n = C_n \cos(\varphi_n) \text{ und } B_n = C_n \sin(\varphi_n)$$

$$\text{(M-Gl. 108)}$$

(vgl. Hartmann [4]2000, S.91, (5.18)- (5.20b)), und es folgt:

$$(A_n{}^2 + B_n{}^2) = C_n{}^2 \cos^2(\varphi_n) + C_n{}^2 \sin^2(\varphi_n) = C_n{}^2 (\cos^2(\varphi_n) + \sin^2(\varphi_n)) = C_n{}^2$$
(M-Gl. 109)

Also ist jetzt (M-Gl. 106):

$$a(\tau) = A_0{}^2 + \sum_{n=1}^{\infty} \frac{C_n{}^2}{2} \cos(n\omega_0 \tau).$$
(M-Gl. 110)

Insbesondere folgt für die Autokorrelationsfunktionen $a(\tau)$ der einfachen Sinus- und Cosinusfunktionen:

$$x(t) = A\cos(\omega_0 t + \varphi) \Rightarrow a(\tau) = \frac{A^2}{2} \cos(n\omega_0 \tau)$$
(M-Gl. 111)

$$x(t) = A\sin(\omega_0 t + \varphi) = A\cos\left(\omega_0 t + \left(\varphi + \frac{\pi}{2}\right)\right) \Rightarrow a(\tau) = \frac{A^2}{2} \cos(n\omega_0 \tau).$$
(M-Gl. 112)

Dass die Autokorrelationsfunktionen des Sinus und Cosinus gleich sein müssen, leuchtet sofort ein, wenn man bedenkt, dass die Autokorrelationsfunktion keine Phase hat, Sinus und Cosinus sich aber nur durch die Phase voneinander unterscheiden.

3.3.4. Kreuzkorrelationsfunktionen periodischer Funktionen
3.3.4.1. Kreuzkorrelationsfunktion einfacher periodischer Funktionen
Sind zwei komplexe, periodische Funktionen gegeben durch:

$$f(t) = \alpha e^{i\omega_1 t} \text{ und } g(t) = \beta e^{i\omega_2 t},$$
(M-Gl. 113)

so ist (M-Gl. 92) (vgl.Papoulis 1962 S. 253 Example 12 -9):

$$c_{12}(\tau) = \lim_{T \to \infty} \frac{1}{2T} \int_{-T}^{T} \bar{f}(t)\, g(t+\tau)\, dt = \lim_{T \to \infty} \frac{1}{2T} \int_{-T}^{T} \bar{\alpha}\, \beta\, e^{i\omega_2 \tau}\, e^{i(\omega_2 - \omega_1)t}\, dt$$

$$= \bar{\alpha}\, \beta\, e^{i\omega_2 \tau} \lim_{T \to \infty} \frac{1}{2T} \int_{-T}^{T} e^{i(\omega_2 - \omega_1)t}\, dt$$

$$(\text{M-Gl. } 114)$$

und analog

$$c_{21}(\tau) = \lim_{T \to \infty} \frac{1}{2T} \int_{-T}^{T} \bar{g}(t)\, f(t+\tau)\, dt = \lim_{T \to \infty} \frac{1}{2T} \int_{-T}^{T} \bar{\beta}\alpha\, e^{i\omega_1 \tau}\, e^{i(\omega_1 - \omega_2)t}\, dt$$

$$= \bar{\beta}\, \alpha e^{i\omega_1 \tau} \lim_{T \to \infty} \frac{1}{2T} \int_{-T}^{T} e^{i(\omega_1 - \omega_2)t}\, dt$$

$$(\text{M-Gl. } 115)$$

Ist, $\omega_1 = \omega_2 =: \omega_0$ so ist

$$c_{12}(\tau) = \bar{\alpha}\, \beta\, e^{i\omega_2 \tau} \lim_{T \to \infty} \frac{1}{2T} \int_{-T}^{T} e^{i(\omega_2 - \omega_1)t}\, dt$$

$$= \bar{\alpha}\, \beta\, e^{i\omega_0 \tau} \lim_{T \to \infty} \frac{1}{2T} \int_{-T}^{T} 1\, dt = \bar{\alpha}\, \beta\, e^{i\omega_0 \tau}$$

$$(\text{M-Gl. } 116)$$

und analog:

$$c_{21}(\tau) = \bar{\beta}\, \alpha e^{i\omega_0 \tau}.$$

$$(\text{M-Gl. } 117)$$

Also ist

$$c_{12}(\tau) = \overline{c_{21}(-\tau)}.$$

$$(\text{M-Gl. } 118)$$

Sind α, β reell, so ist also

$$c_{12}(\tau) = c_{21}(-\tau).$$
(M-Gl. 119)

Ist speziell (mit A und B reell) $f(t) = A\cos(\omega_0 t)$ und $g(t) = B\cos(\omega_0 t)$, so ist

$$c_{12}(\tau) = c_{21}(\tau) = AB\cos(\omega_0 \tau).$$
(M-Gl. 120)

Ist $\omega_1 \neq \omega_2$, so ist:

$$c_{12}(\tau) = \lim_{T \to \infty} \frac{\overline{\alpha}\,\beta}{T} e^{i\omega_2 \tau} \frac{\sin(\omega_2 - \omega_1)T}{(\omega_2 - \omega_1)} = 0.$$
(M-Gl. 121)

Analog gilt auch:

$$c_{21}(\tau) = 0.$$
(M-Gl. 122)

3.3.4.2. Kreuzkorrelationsfunktionen komplexer Klänge

Sind und zwei periodische Funktionen gegeben durch:

$$f(t) = \sum_{n=-\infty}^{\infty} \alpha_n\, e^{i n \omega_1 t} \quad \text{und} \quad g(t) = \sum_{n=-\infty}^{\infty} \beta_n\, e^{i n \omega_2 t}$$

so ist das Schwingungsverhältnis, in dem sie stehen:

$$s = \frac{\omega_2}{\omega_1}.$$

Die erste Kreuzkorrelationsfunktion ist dann (vgl. (M-Gl. 92) und Papoulis 1962 S. 253 Example 12-9):

$$c_{12}(\tau) = \lim_{T \to \infty} \sum_{n=-\infty}^{\infty} \sum_{m=-\infty}^{\infty} \overline{\alpha}_m\, \beta_n\, e^{i n\, \omega_2 \tau} \frac{1}{2T} \int_{-T}^{T} e^{i(n\omega_2 - m\,\omega_1)t}\, dt \;.$$
(M-Gl. 123)

Ist das Schwingungsverhältnis s irrational, dann ist für alle $m \neq 0 \neq n$: $m\omega_1 \neq n\omega_2$, und es folgt mit (M-Gl. 121) und (M-Gl. 122):

$$c_{12}(\tau) = \overline{\alpha}_0\, \beta_0 = \alpha_0\, \overline{\beta}_0 = \overline{c_{21}(-\tau)}.$$
(M-Gl. 124)

Da aber nach (M-Gl. 103): α_0, β_0 reell sind, ist

$$c_{12}(\tau) = c_{21}(\tau) = \alpha_0\, \beta_0.$$
(M-Gl. 125)

Ist $\omega_1 = \omega_2 =: \omega$, dann ist nach (M-Gl. 123):

$$c_{12}(\tau) = \sum_{n=-\infty}^{\infty} \overline{\alpha}_n\, \beta_n e^{i n \omega \tau}.$$
(M-Gl. 126)

Da nach (M-Gl. 103) $\overline{\alpha}_n = \alpha_{-n}$ und $\beta_n = \overline{\beta}_{-n}$ ist, folgt (durch Umparametrisierung von n nach $-n$):

$$c_{21}(-\tau) = \sum_{n=-\infty}^{\infty} \alpha_n\, \overline{\beta}_n e^{-i n \omega \tau} = \sum_{n=-\infty}^{\infty} \alpha_{-n}\, \overline{\beta}_{-n} e^{i n \omega \tau} = \sum_{n=-\infty}^{\infty} \overline{\alpha}_n\, \beta_n e^{i n \omega \tau} = c_{12}(\tau).$$
(M-Gl. 127)

Ist das Schwingungsverhältnis s rational, so existieren teilerfremde, ganze Zahlen p und q mit:

$$s = \frac{p}{q} = \frac{\omega_2}{\omega_1} \Leftrightarrow \omega_2 = \frac{p}{q}\omega_1$$

Nach Gleichung (M-Gl. 123) ist dann:

$$c_{12}(\tau) = \lim_{T \to \infty} \sum_{n=-\infty}^{\infty} \sum_{m=-\infty}^{\infty} \bar{\alpha}_m \, \beta_n \, e^{i \, n \, \omega_2 \, \tau} \, \frac{1}{2T} \int_{-T}^{T} e^{i(n\frac{p}{q}-m)\omega_1 t} \, dt \, .$$

(M-Gl. 128)

Es ist $c_{12}(\tau)$ nur dann ungleich Null, wenn (vgl. (M-Gl. 116)/ (M-Gl. 117) und (M-Gl. 121)/ (M-Gl. 122)):

$$n \frac{p}{q} - m = 0$$
$$\Leftrightarrow n \, p - m q = 0$$
$$\Leftrightarrow n \equiv 0(q) \wedge m \equiv 0(p)$$

(M-Gl. 129)

Also ist nach (M-Gl. 6): $n = k \, q$ und $m = k \, p$. Nach (M-Gl. 24) und (M-Gl. 27) ist wieder

$$\omega_k = kgv(\omega_1; \omega_2) = p \, \omega_1 = q \, \omega_2 . \text{ und } \omega_0 = ggT(\omega_1; \omega_2) = \frac{\omega_1}{q} = \frac{\omega_2}{p},$$

und daher erhält man:

$$c_{12}(\tau) = \sum_{k=-\infty}^{\infty} \bar{\alpha}_{kp} \, \beta_{kq} \, e^{i \, k \, q \, \omega_2 \, \tau} = \sum_{k=-\infty}^{\infty} \bar{\alpha}_{kp} \, \beta_{kq} \, e^{i \, k \, q \frac{p}{q} \omega_1 \, \tau} = \sum_{k=-\infty}^{\infty} \bar{\alpha}_{kp} \, \beta_{kq} \, e^{i \, k \, p \, \omega_1 \, \tau}$$

$$= \sum_{k=-\infty}^{\infty} \bar{\alpha}_{kp} \, \beta_{kq} \, e^{i \, k \, \omega_k \, \tau}$$

(M-Gl. 130)

Analog ist:

$$c_{21}(\tau) = \sum_{k=-\infty}^{\infty} \bar{\beta}_{kq} \, \alpha_{kp} \, e^{i \, k \, \omega_k \, \tau} \, .$$

(M-Gl. 131)

Daraus folgt:

$$\overline{c_{21}(\tau)} = \sum_{k=-\infty}^{\infty} \overline{\overline{\beta}_{kq}\, \alpha_{kp}\, e^{i\,k\,\omega_k\,\tau}} = \sum_{k=-\infty}^{\infty} \beta_{kq}\, \overline{\alpha}_{kp}\, e^{-i\,k\,\omega_k\,\tau} = c_{12}(-\tau),$$

(M-Gl. 132)

oder äquivalent:

$$c_{21}(\tau) = \overline{c_{12}(-\tau)}.$$

(M-Gl. 133)

Also ist :

$$c_{12}(\tau) + c_{21}(\tau) = \sum_{k=-\infty}^{\infty} \overline{\alpha}_{kp}\, \beta_{kq}\, e^{i\,k\,\omega_k\,\tau} + \sum_{k=-\infty}^{\infty} \overline{\overline{\alpha}_{kp}\, \beta_{kq}\, e^{-i\,k\,\omega_k\,\tau}}$$

$$= \sum_{k=-\infty}^{\infty} (\overline{\alpha}_{kp}\, \beta_{kq} + \alpha_{kp}\, \overline{\beta}_{kq})\, e^{i\,k\,\omega_k\,\tau} = \sum_{k=-\infty}^{\infty} 2\,\mathrm{Re}(\alpha_{kp}\, \beta_{kq})\, e^{i\,k\,\omega_k\,\tau}.$$

(M-Gl. 134)

Sind $f(t)$ und $g(t)$ reell, so ist $c_{12}(-\tau) = c_{21}(\tau)$ (vgl. Papoulis 1962 (12-62)). Sind α_n, β_n reell, so ist

$$c_{12}(\tau) + c_{21}(\tau) = 2 \sum_{k=-\infty}^{\infty} \alpha_{kp}\, \beta_{kq}\, e^{i\,k\,\omega_k\,\tau}$$

(M-Gl. 135)

Sind etwa wie in (M-Gl. 103):

$$\alpha_n = \frac{1}{2} A_n; \quad \beta_n = \frac{1}{2} B_n; \quad \alpha_0 = A_0; \quad \beta_0 = B_0,$$

(M-Gl. 136)

so ist:

$$c_{12}(\tau) + c_{21}(\tau) = 2a_0\,\beta_0 + 4\sum_{k=1}^{\infty} \alpha_{kp}\,\beta_{kq}\cos(k\,\omega_k\tau)$$

$$= 2A_0\,B_0 + 2\sum_{k=1}^{\infty} A_{kp}\,B_{kq}\cos(k\,\omega_k\,\tau)$$

$$= 2\sum_{k=0}^{\infty} A_{kp}\,B_{kq}\cos(k\,\omega_k\,\tau)$$

(M-Gl. 137)

3.3.5. Autokorrelationsfunktion eines Intervalls

Sind zwei reelle, periodische Funktionen mit dem Schwingungsverhältnis

$$s = \frac{\omega_2}{\omega_1}$$

gegeben (es ist $\omega_i = 2\pi\,f_i$) durch

$$f(t) = \sum_{n=-\infty}^{\infty} \alpha_n\,e^{in\omega_1 t + \varphi_n} \text{ und } g(t) = \sum_{n=-\infty}^{\infty} \beta_n\,e^{in\omega_2 t + \phi_n}\,,$$

(M-Gl. 138)

die das Intervall $J(t)$ bilden:

$$J(t) = f(t) + g(t)\,.$$

(M-Gl. 139)

Ist $\omega_2 \neq \omega_1 \neq 0$ und s irrational, so ist nach (M-Gl. 105) und (M-Gl. 124) mit (M-Gl. 68) bzw. (Gl. 34) die Autokorrelationsfunktion gegeben durch:

$$a(\tau) = \sum_{n=-\infty}^{\infty} |\alpha_n|^2\,e^{in\omega_1\tau} + \sum_{n=-\infty}^{\infty} |\beta_n|^2\,e^{ins^{-1}\omega_1\tau} + 2a_0\,b_0\,.$$

(M-Gl. 140)

Sei $\omega_2 \neq \omega_1 \neq 0$ und sei s rational, so existieren teilerfremde positive ganze Zahlen p und q mit

$$s = \frac{\omega_1}{\omega_2} = \frac{p}{q}$$

Hier ist wieder nach (M-Gl. 24) und (M-Gl. 27):

$$\omega_k = kgv(\omega_1; \omega_2) = p\,\omega_1 = q\,\omega_2 . \text{ und } \omega_0 = ggT(\omega_1; \omega_2) = \frac{\omega_1}{q} = \frac{\omega_2}{p} .$$

Nach (M-Gl. 68) bzw. (Gl. 35) ist die Autokorrelationsfunktion mit (M-Gl. 105) und (M-Gl. 134) gegeben durch:

$$a_J(\tau) = a_f(\tau) + a_g(\tau) + c_{12}(\tau) + c_{21}(\tau)$$

$$= \sum_{n=-\infty}^{\infty} |\alpha_n|^2 e^{in\omega_1\tau} + \sum_{n=-\infty}^{\infty} |\beta_n|^2 e^{in\,\omega_2\tau} + 2\sum_{k=-\infty}^{\infty} Re(\alpha_{kp}\,\beta_{kq})e^{ik\,\omega_k\tau}$$

$$= \sum_{n=-\infty}^{\infty} |\alpha_n|^2 e^{in\frac{\omega_k}{p}\tau} + \sum_{n=-\infty}^{\infty} |\beta_n|^2 e^{in\frac{\omega_k}{q}\tau} + 2\sum_{k=-\infty}^{\infty} Re(\alpha_{kp}\,\beta_{kq})e^{ik\,\omega_k\tau}$$

$$= \sum_{n=-\infty}^{\infty} |\alpha_n|^2 e^{in q\omega_0\tau} + \sum_{n=-\infty}^{\infty} |\beta_n|^2 e^{in p\omega_0\tau} + 2\sum_{k=-\infty}^{\infty} Re(\alpha_{kp}\,\beta_{kq})e^{ikpq\,\omega_0\tau}$$

(M-Gl. 141)

Sind die Koeffizienten α_n, β_n reell, etwa (vgl. (M-Gl. 105)):

$$\alpha_n = \frac{1}{2}A_n; \quad \beta_n = \frac{1}{2}B_n; \quad \alpha_0 = A_0; \quad \beta_0 = B_0,$$

(M-Gl. 142)

so ist

$$a_J(\tau) = A_0^2 + B_0^2 + \sum_{n=1}^{\infty} \frac{A_n^2}{2}\cos(n q \omega_0 \tau) + \sum_{n=1}^{\infty} \frac{B_n^2}{2}\cos(n p \omega_0 \tau)$$

$$+ 2A_0 B_0 + 2\sum_{n=1}^{\infty} A_{kp} B_{kq}\cos(n p q \omega_0)$$

(M-Gl. 143)

Sind die Koeffizienten $\alpha_n = \beta_n = 1$, so folgt aus (M-Gl. 141) mit (M-Gl. 34):

$$a_J(\tau) = \sum_{n=-\infty}^{\infty} e^{i\,n\,q\omega_0\,\tau} + \sum_{n=-\infty}^{\infty} e^{i\,n\,p\,\omega_0\,\tau} + 2 \sum_{n=-\infty}^{\infty} e^{i\,n\,pq\,\omega_0\,\tau}$$

$$= \sum_{n=-\infty}^{\infty} e^{i\,n\,\frac{\omega_k}{p}\,\tau} + \sum_{n=-\infty}^{\infty} e^{i\,n\,\frac{\omega_k}{q}\,\tau} + 2 \sum_{n=-\infty}^{\infty} e^{i\,n\,\omega_k\,\tau}$$

$$= pT_k \sum_{n=-\infty}^{\infty} \delta(\tau - n\,pT_k) + qT_k \sum_{n=-\infty}^{\infty} \delta(\tau - n\,qT_k) + 2T_k \sum_{n=-\infty}^{\infty} \delta(\tau - n\,T_k)$$

(M-Gl. 144)

In dieser Darstellung ist die Autokorrelationsfunktion eines aus Schwingungen gebildeten Intervalls ein Gitter, das dem Periodizitätsmuster der ISI entspricht (vgl. 3.1.3). Allerdings entsprechen die Koeffizienten nicht den in 3.1.3.3 gezählten Häufigkeiten und darum auch nicht den Koeffizienten in (M-Gl. 251) im Fall von δ- Impulsfolgen.

3.4. Impulse als Verteilungen
3.4.1. Allgemeine Grenzwerte (generalized limits)
(In diesem Abschnitt sind die wichtigsten Zusammenhänge zwischen den Begriffen der Verteilung und des "Generalized Limit", die für die Impulsfunktion von Wichtigkeit sind, wiedergegeben. Die Zusammenfassung folgt dabei Papoulis 1962 (The Impulse Function as Distribution, in: Papoulis 1962 S. 269ff)).

Eine *Verteilung* (Funktional; verallgemeinerte Funktion; generalized function) g(t) ist ein Prozess, der einer beliebigen Funktion $\Phi(t)$ aus einer vorgegebenen Klasse eine Zahl $N_g[\Phi(t)]$ zugeordnet.

Diese Zahl kann z.B. der Funktionswert von $\Phi(t)$ oder die Ableitung von $\Phi(t)$ an einer Stelle $t = t_0$ sein, oder etwa die Fläche unter dem Graphen von $\Phi(t)$ in einem bestimmten Intervall.

Schreibweise: Diese Zahl $N_g[\Phi(t)]$ wird formal wie ein Integral geschrieben.

$$\int_{-\infty}^{\infty} g(t)\Phi(t)dt = N_g[\Phi(t)].$$

(M-Gl. 145)

Ein Beispiel ist die Impulsfunktion oder Delta- Funktion $\delta(t)$. Sie ist durch folgende Gleichungen charakterisiert:

$$\delta(t) = 0 \text{ für } t \neq 0 \quad \text{und} \quad \int_{T_1}^{T_2} \delta(t)dt = 1 \text{ für } T_1 < 0 < T_2.$$

(M-Gl. 146)

Jedoch muss der Delta- Impuls, der tatsächlich keine Funktion ist, als eine Verteilung definiert werden. Dazu wird die Auswahleigenschaft („Selectivity Property",) als Kriterium benutzt: der Delta- Impuls ist eine Verteilung, die einer Funktion $\Phi(t)$ die Zahl $\Phi(0)$ zuordnet, also:

$$\int_{-\infty}^{\infty} \delta(t)\Phi(t)dt: = \Phi(0).$$

(M-Gl. 147)

Diese Definition ist mit den bekannten Eigenschaften von $\delta(t)$ verträglich.

Die Definition des *verallgemeinerten Grenzwertes - generalized limit* (vgl. Papoulis 1962 S. 277)lautet:

Sei $g_n(t)$ eine Folge von Verteilungen. Wenn es eine Verteilung $g(t)$ gibt, so dass für jede Testfunktion $\Phi(t)$ gilt:

$$\lim_{n \to \infty} \int_{-\infty}^{\infty} g_n(t)\Phi(t)dt = \int_{-\infty}^{\infty} g(t)\Phi(t)dt,$$

(M-Gl. 148)

dann ist $g(t)$ der Grenzwert von $g_n(t)$:

$$g(t) = \lim_{n \to \infty} g_n(t).$$

(M-Gl. 149)

Anmerkung:
Nach der Definition der Verteilung ist

$$\int_{-\infty}^{\infty} g_n(t)\Phi(t)dt$$

eine Zahlenfolge, die gegen die Zahl

$$\int_{-\infty}^{\infty} g(t)\Phi(t)dt$$

konvergiert.

Allgemeiner kann man den Grenzwert einer Verteilung $g_x(t)$ in Abhängigkeit von einem Parameter x statt von n definieren:

Wenn für jedes $\Phi(t)$ gilt:

$$\lim_{x \to x_0} \int_{-\infty}^{\infty} g_x(t)\Phi(t)dt = \int_{-\infty}^{\infty} g_{x_0}(t)\Phi(t)dt ,$$

(M-Gl. 150)

dann ist $g_{x_0}(t)$ definiert als der Grenzwert (vgl. Papoulis 1962 (I-35/36)):

$$g_{x_0}(t) = \lim_{x \to x_0} g_x(t).$$

(M-Gl. 151)

Mit dieser Definition lassen sich Verteilungen als Grenzwerte von gewöhnlichen Funktionen definieren.

3.4.2. Definition einer Verteilung als Grenzwert von Funktionen
(vgl. Papoulis 1962 S. 278)

Ist $f_n(t)$ eine Folge von Funktionen, für die der Grenzwert

$$\lim_{n \to \infty} \int_{-\infty}^{\infty} f_n(t)\Phi(t)dt$$

für jede „Testfunktion" $\Phi(t)$ existiert, dann ist dadurch eine Verteilung $g(t)$ definiert mit:

$$\lim_{n\to\infty} \int_{-\infty}^{\infty} f_n(t)\Phi(t)dt = \int_{-\infty}^{\infty} g(t)\Phi(t)dt,$$

(M-Gl. 152)

wobei der Grenzwert von $\Phi(t)$ abhängt. Damit wird jeder Funktion durch die Grenzwertbildung die Zahl

$$\int_{-\infty}^{\infty} g(t)\Phi(t)dt$$

zugeordnet und es ist:

$$g(t) = \lim_{n\to\infty} f_n(t).$$

(M-Gl. 153)

Erfüllt die Folge $f_n(t)$ die Bedingung:

$$\lim_{n\to\infty} \int_{-\infty}^{\infty} f_n(t)\Phi(t)dt = \Phi(0),$$

(M-Gl. 154)

dann ist der Grenzwert die δ- Funktion: (Papoulis 1962 S. 280).

$$\lim_{n\to\infty} f_n(t) = \delta(t)$$

Ein anderes Kriterium für die Konvergenz gegen die δ- Funktion ist: Wenn die Funktionen $f_n(t)$ positiv sind und auch die Bedingungen:

$$\int_{-\infty}^{\infty} f_n(t)dt = 1 \text{ und } \lim_{n \to \infty} f_n(t) = 0 \text{ für } t \neq 0$$

(M-Gl. 155)

erfüllen, dann ist der Grenzwert die δ - Funktion (vgl. Papoulis 1962 S. 280):

$$\lim_{n \to \infty} f_n(t) = \delta(t).$$

Mit dieser Definition lässt sich der Zusammenhang herstellen zwischen den Impulsfolgen

$$X_\varepsilon(t) = \sum_n I_\varepsilon(t - nT)$$

und den Dirac- Impulsfolgen

$$x(t) = \sum_n \delta(t - nT).$$

Wird $X_\varepsilon(t)$ aus Impulsen gebildet, für die $\lim_{\varepsilon \to 0} I_\varepsilon(t) = \delta(t)$ ist, dann ist

$$\lim_{\varepsilon \to 0} X_\varepsilon(t) = x(t).$$

3.4.3. Konvergenz von Impulsen gegen die δ - Funktion
In den folgenden Beispielen werden elementare Funktionen benötigt:
Es ist $U(t)$ die Heaviside – Funktion:

$$U(t) = \begin{cases} 1 & \text{für } t > 0 \\ \dfrac{1}{2} & \text{für } t = 0 \\ 0 & \text{für } t < 0 \end{cases}$$

(M-Gl. 156)

Ein Rechteckimpuls der Breite ε ist gegeben durch:

$$p_\varepsilon(t) := \begin{cases} 1 & |t| < \varepsilon \\ 0 & \text{sonst} \end{cases}$$

(M-Gl. 157)

Ein Dreiecksimpuls der Breite ε ist gegeben durch

$$q_\varepsilon(t) := \begin{cases} 1 - \dfrac{|t|}{\varepsilon} & |t| < \varepsilon \\ 0 & \text{sonst} \end{cases}$$

(M-Gl. 158)

Beispiel 1:

Geht man von einem (halbseitigen) Rechteckimpulsen $J_\varepsilon^+(t)$ der Breite $\varepsilon > 0$ und der Höhe $\dfrac{1}{\varepsilon}$ aus (vgl. (M-Gl. 156)):

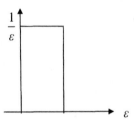

Abb. 46: Halbseitiger Rechteckimpuls der Breite ε und der Höhe $\dfrac{1}{\varepsilon}$

$$J_\varepsilon^+(t) = \frac{1}{\varepsilon}[U(t) - U(t - \varepsilon)],$$

(M-Gl. 159)

so gilt für stetige Funktionen $\Phi(t)$:

$$\lim_{\varepsilon \to 0} \int_{-\infty}^{\infty} J_\varepsilon^+(t)\Phi(t)dt = \lim_{\varepsilon \to 0} \frac{1}{\varepsilon} \int_0^\varepsilon \Phi(t)dt = \Phi(0),$$

(M-Gl. 160)

und es folgt (vgl. Papoulis 1962 S. 279 (I-44)):

$$\delta(t) = \lim_{\varepsilon \to 0} J_\varepsilon^+(t).$$
(M-Gl. 161)

d. h. für immer feineres ε konvergiert $J_\varepsilon^+(t)$ gegen den δ- Impuls.

Beweis von (M-Gl. 161):
Sei $\Phi(t)$ stetige Testfunktion und $P(t)$ Stammfunktion von $\Phi(t)$, so ist:

$$\lim_{\varepsilon \to 0} \frac{1}{\varepsilon} \int_0^\varepsilon \Phi(t)dt = \lim_{\varepsilon \to 0} \frac{P(\varepsilon) - P(0)}{\varepsilon} = P'(0) = \Phi(0).$$
(M-Gl. 162)

Beispiel 2:

Auch der beidseitige Rechteckimpuls der halben Breite $\dfrac{\varepsilon}{2}$ und der Höhe $\dfrac{1}{\varepsilon}$ konvergiert mit kleiner werdendem ε gegen die δ – Funktion, d. h. für

$$I_\varepsilon(t) = \frac{1}{\varepsilon} \cdot \left(U\left(t + \frac{\varepsilon}{2}\right) - U\left(t - \frac{\varepsilon}{2}\right) \right)$$
(M-Gl. 163)

gilt:

$$\lim_{\varepsilon \to 0} I_\varepsilon(t) = \delta(t).$$
(M-Gl. 164)

Bew.:
Sei $\Phi(t)$ stetige Testfunktion und $P(t)$ Stammfunktion von $\Phi(t)$.

$$\lim_{\varepsilon \to 0} \int_{-\infty}^\infty I_\varepsilon(t)\Phi(t)\,dt = \lim_{\varepsilon \to 0} \int_{-\infty}^\infty \frac{1}{\varepsilon} U\left(t + \frac{\varepsilon}{2}\right)\Phi(t)\,dt - \lim_{\varepsilon \to 0} \int_{-\infty}^\infty \frac{1}{\varepsilon} U\left(t - \frac{\varepsilon}{2}\right)\Phi(t)\,dt =$$

$$= \lim_{\varepsilon \to 0} \frac{1}{\varepsilon} \int_{-\frac{\varepsilon}{2}}^{\frac{\varepsilon}{2}} \Phi(t)\, dt = \lim_{\varepsilon \to 0} \frac{1}{\varepsilon} \int_{-\frac{\varepsilon}{2}}^{0} \Phi(t)\, dt + \lim_{\varepsilon \to 0} \frac{1}{\varepsilon} \int_{0}^{\frac{\varepsilon}{2}} \Phi(t)\, dt$$

$$(\text{M-Gl. } 165)$$

Es gilt:

$$\lim_{\varepsilon \to 0} \frac{1}{\varepsilon} \int_{-\frac{\varepsilon}{2}}^{0} \Phi(t)\, dt = \lim_{\varepsilon \to 0} \frac{1}{2} \frac{2}{\varepsilon} \int_{-\frac{\varepsilon}{2}}^{0} \Phi(t)\, dt = \frac{1}{2} \lim_{\varepsilon \to 0} \frac{\int_{-\frac{\varepsilon}{2}}^{0} \Phi(t)\, dt}{\frac{\varepsilon}{2}}$$

$$= \frac{1}{2} \lim_{\varepsilon \to 0} \frac{P(0) - P\left(-\frac{\varepsilon}{2}\right)}{\frac{\varepsilon}{2}} = \frac{1}{2} \lim_{\varepsilon \to 0} \frac{P\left(-\frac{\varepsilon}{2}\right) - P(0)}{-\frac{\varepsilon}{2} - 0} = \frac{1}{2} P'(0) = \frac{1}{2} \Phi(0)$$

$$(\text{M-Gl. } 166)$$

und:

$$\lim_{\varepsilon \to 0} \frac{1}{\varepsilon} \int_{0}^{\frac{\varepsilon}{2}} \Phi(t)\, dt = \lim_{\varepsilon \to 0} \frac{1}{2} \frac{2}{\varepsilon} \int_{0}^{\frac{\varepsilon}{2}} \Phi(t)\, dt = \frac{1}{2} \lim_{\varepsilon \to 0} \frac{\int_{0}^{\frac{\varepsilon}{2}} \Phi(t)\, dt}{\frac{\varepsilon}{2}}$$

$$= \frac{1}{2} \lim_{\varepsilon \to 0} \frac{P\left(\frac{\varepsilon}{2}\right) - P(0)}{\frac{\varepsilon}{2} - 0} = \frac{1}{2} P'(0) = \frac{1}{2} \Phi(0)$$

$$(\text{M-Gl. } 167)$$

Aus (M-Gl. 166) und (M-Gl. 167) folgt mit (M-Gl. 165):

$$\lim_{\varepsilon \to 0} \int_{-\infty}^{\infty} I_{\varepsilon}(t)\Phi(t)\,dt = \lim_{\varepsilon \to 0} \frac{1}{\varepsilon} \int_{-\frac{\varepsilon}{2}}^{\frac{\varepsilon}{2}} \Phi(t)\,dt = \lim_{\varepsilon \to 0} \frac{1}{\varepsilon} \int_{-\frac{\varepsilon}{2}}^{0} \Phi(t)\,dt + \lim_{\varepsilon \to 0} \frac{1}{\varepsilon} \int_{0}^{\frac{\varepsilon}{2}} \Phi(t)\,dt = \Phi(0).$$

(M-Gl. 168)

q.e.d.

Beispiel 3:

Der Dreiecksimpuls $\varDelta_{\varepsilon}(t) := \frac{1}{\varepsilon} q_{\varepsilon}(t)$ der halben Breite ε und der Höhe $\frac{1}{\varepsilon}$ konvergiert bei kleiner werdendem ε ebenfalls gegen die δ – Funktion:

$$\lim_{\varepsilon \to 0} \varDelta_{\varepsilon}(t) = \delta(t).$$

(M-Gl. 169)

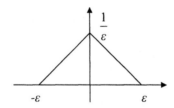

Abb. 47: Dreiecksimpuls der halben Breite ε und der Höhe $\frac{1}{\varepsilon}$.

Bew.:

Ist

$$q_{\varepsilon}^{+}(t) = \begin{cases} 1 - \dfrac{t}{\varepsilon} & \text{für} \quad 0 \le t \le \varepsilon \\ 0 & \text{sonst} \end{cases}$$

(M-Gl. 170)

und

$$q_{\bar\varepsilon}(t) = \begin{cases} 1 + \dfrac{t}{\varepsilon} & \text{für} \quad -\varepsilon \le t \le 0 \\[2mm] 0 & \text{sonst} \end{cases} ,$$

(M-Gl. 171)

so ist

$$\Delta_\varepsilon(t) = \frac{1}{\varepsilon} q_\varepsilon(t) = \frac{1}{\varepsilon}(q_\varepsilon^+(t) + q_\varepsilon^-(t)).$$

(M-Gl. 172)

(1) Es ist

$$\lim_{\varepsilon \to 0} \int_{-\infty}^{\infty} \frac{1}{\varepsilon} q_\varepsilon^+(t)\Phi(t)dt = \frac{1}{2}\Phi(0).$$

(M-Gl. 173)

Bew.:
Sei $\Phi(t)$ eine stetige Testfunktion und $P(t)$ Stammfunktion von $\Phi(t)$.

$$\lim_{\varepsilon \to 0} \int_{-\infty}^{\infty} \frac{1}{\varepsilon} q_\varepsilon^+(t)\Phi(t)dt = \lim_{\varepsilon \to 0} \frac{1}{\varepsilon} \int_0^\varepsilon (1 - \frac{t}{\varepsilon})\Phi(t)dt = \lim_{\varepsilon \to 0} \frac{1}{\varepsilon} \int_0^\varepsilon \Phi(t)dt - \lim_{\varepsilon \to 0} \frac{1}{\varepsilon} \int_0^\varepsilon \frac{t}{\varepsilon}\Phi(t)dt .$$

(M-Gl. 174)

Dabei gilt für den ersten Summanden (vgl. (M-Gl. 162)):

$$\lim_{\varepsilon \to 0} \frac{1}{\varepsilon} \int_0^\varepsilon \Phi(t)dt = \lim_{\varepsilon \to 0} \frac{P(\varepsilon) - P(0)}{\varepsilon} = \Phi(0).$$

(M-Gl. 175)

Für den zweiten Summanden gilt:

$$\lim_{\varepsilon \to 0} \frac{1}{\varepsilon} \int_0^\varepsilon \frac{t}{\varepsilon}\Phi(t)dt = \lim_{\varepsilon \to 0} \frac{1}{\varepsilon^2} \int_0^\varepsilon t\,\Phi(t)dt .$$

(M-Gl. 176)

Da $\lim\limits_{\varepsilon\to 0}\int\limits_{0}^{\varepsilon} t\,\Phi(t)dt = 0$ und $\lim\limits_{\varepsilon\to 0}\varepsilon^2 = 0$ sind , ist nach l'Hospitale mit

$$f(\varepsilon):=\int\limits_{0}^{\varepsilon} t\,\Phi(t)dt \;\Rightarrow\; f'(\varepsilon)=\varepsilon\,\Phi(\varepsilon),$$

(M-Gl. 177)

$$g(\varepsilon)=\varepsilon^2 \;\Rightarrow\; g'(\varepsilon)=2\varepsilon.$$

(M-Gl. 178)

$$\lim\limits_{\varepsilon\to 0}\frac{1}{\varepsilon^2}\int\limits_{0}^{\varepsilon} t\,\Phi(t)dt = \lim\limits_{\varepsilon\to 0}\frac{f(\varepsilon)}{g(\varepsilon)} = \lim\limits_{\varepsilon\to 0}\frac{f'(\varepsilon)}{g'(\varepsilon)} = \lim\limits_{\varepsilon\to 0}\frac{\varepsilon\,\Phi(\varepsilon)}{2\varepsilon} = \frac{1}{2}\lim\limits_{\varepsilon\to 0}\Phi(\varepsilon) = \frac{1}{2}\Phi(0).$$

(M-Gl. 179)

Also folgt:

$$\lim\limits_{\varepsilon\to 0}\int\limits_{-\infty}^{\infty}\frac{1}{\varepsilon}\cdot q_{\varepsilon}^{+}(t)\Phi(t)dt = \Phi(0)-\frac{1}{2}\Phi(0) = \frac{1}{2}\Phi(0).$$

(M-Gl. 180)

(2) Es gilt ferner auch:

$$\lim\limits_{\varepsilon\to 0}\int\limits_{-\infty}^{\infty}\frac{1}{\varepsilon}q_{\varepsilon}^{-}(t)\Phi(t)dt = \frac{1}{2}\Phi(0).$$

(M-Gl. 181)

Bew.:

$$\lim\limits_{\varepsilon\to 0}\int\limits_{-\infty}^{\infty}\frac{1}{\varepsilon}q_{\varepsilon}^{-}(t)\Phi(t)dt = \lim\limits_{\varepsilon\to 0}\frac{1}{\varepsilon}\int\limits_{-\varepsilon}^{0}(1+\frac{t}{\varepsilon})\Phi(t)dt = \lim\limits_{\varepsilon\to 0}\frac{1}{\varepsilon}\int\limits_{-\varepsilon}^{0}\Phi(t)dt + \lim\limits_{\varepsilon\to 0}\frac{1}{\varepsilon}\int\limits_{-\varepsilon}^{0}\frac{t}{\varepsilon}\Phi(t)dt.$$

(M-Gl. 182)

Für den ersten Summanden ist wieder:

$$\lim_{\varepsilon \to 0} \frac{1}{\varepsilon} \int\limits_{-2\varepsilon}^{0} \Phi(t)dt = \lim_{\varepsilon \to 0} \frac{P(0) - P(-\varepsilon)}{\varepsilon} = \lim_{\varepsilon \to 0} \frac{P(-\varepsilon) - P(0)}{-\varepsilon - 0} = \Phi(0),$$

(M-Gl. 183)

und für den zweiten Summanden kann man folgern:

da $\lim\limits_{\varepsilon \to 0} \int\limits_{-\varepsilon}^{0} t\,\Phi(t)dt = 0$ und $\lim\limits_{\varepsilon \to 0} \varepsilon^2 = 0$ sind, ist nach l'Hospitale mit

$$f(\varepsilon) := \int\limits_{-\varepsilon}^{0} t\,\Phi(t)dt = -\int\limits_{0}^{-\varepsilon} t\,\Phi(t)dt \quad \Rightarrow \quad f'(\varepsilon) = -\varepsilon\,\Phi(-\varepsilon),$$

(M-Gl. 184)

$$g(\varepsilon) = \varepsilon^2 \quad \Rightarrow \quad g'(\varepsilon) = 2\varepsilon,$$

(M-Gl. 185)

$$\lim_{\varepsilon \to 0} \frac{1}{\varepsilon^2} \int\limits_{-\varepsilon}^{0} t\,\Phi(t)dt = \lim_{\varepsilon \to 0} \frac{-\varepsilon\,\Phi(-\varepsilon)}{2\varepsilon} = \frac{1}{2} \lim_{\varepsilon \to \infty} \left(-\Phi(-\varepsilon)\right) = -\frac{1}{2}\Phi(0).$$

(M-Gl. 186)

Also folgt:

$$\lim_{\varepsilon \to 0} \int\limits_{-\infty}^{\infty} \frac{1}{\varepsilon} \cdot q_\varepsilon^-(t)\Phi(t)dt = \Phi(0) - \frac{1}{2}\Phi(0) = \frac{1}{2}\Phi(0).$$

(M-Gl. 187)

Da $\dfrac{1}{\varepsilon}q_\varepsilon(t) = \dfrac{1}{\varepsilon}q_\varepsilon^+(t) + \dfrac{1}{\varepsilon}q_\varepsilon^-(t)$, folgt aus (M-Gl. 173) und (M-Gl. 181):

$$\lim_{\varepsilon \to 0} \int\limits_{-\infty}^{\infty} \frac{1}{\varepsilon}q_\varepsilon(t)\Phi(t)dt = \lim_{\varepsilon \to 0} \int\limits_{-\infty}^{\infty} \frac{1}{\varepsilon}q_\varepsilon^+(t)\Phi(t)dt + \lim_{\varepsilon \to 0} \int\limits_{-\infty}^{\infty} \frac{1}{\varepsilon}q_\varepsilon^-(t)\Phi(t)dt$$

$$= \frac{1}{2}\Phi(0) + \frac{1}{2}\Phi(0) = \Phi(0)$$

(M-Gl. 188)

q.e.d.

Also ist

$$\lim_{\varepsilon \to 0} \frac{1}{\varepsilon}q_\varepsilon(t) = \delta(t).$$

(M-Gl. 189)

3.5. Impulsfolgen
3.5.1. Korrelationsfunktionen von Impulsen
3.5.1.1. Herleitung der Korrelationsfunktionen eines Impulses

Sei $I(t)$ ein beliebiger Impuls und $F(\omega)$ die Fouriertransformation:

$$I(t) \leftrightarrow F(\omega).$$

(M-Gl. 190)

$I(t)$ ist eine Funktion der Klasse 1 (vgl. 3.2.2.2), d. h.

$$\int\limits_{-\infty}^{\infty} |I(t)|^2 dt < \infty.$$

(M-Gl. 191)

Für den um die Zeit t_0 verschobenen Impuls gilt (Papoulis 1962 S. 14 (2-36):

$$I(t - t_0) \leftrightarrow F(\omega)e^{-it_0\omega}.$$

(M-Gl. 192)

Das Energiespektrum von $I(t)$ ist definiert durch:

$$A^2(\omega) = F(\omega)F(-\omega).$$
(M-Gl. 193)

Die Fouriertransformation von $A^2(\omega)$ ist die Autokorrelationsfunktion von $I(t)$ (vgl. (M-Gl. 75)/ (M-Gl. 86)):

$$A^2(\omega) \leftrightarrow a(\tau) = \frac{1}{2\pi} \int\limits_{-\infty}^{\infty} A^2(\omega)\cos(\omega t) = \int\limits_{-\infty}^{\infty} I(t)I(t+\tau)dt < \infty.$$
(M-Gl. 194)

Die Autokorrelationsfunktion von $I(t - t_0)$ ist mit (M-Gl. 192) ebenfalls $a(\tau)$:

$$F(\omega)e^{-it_0\omega} F(-\omega)e^{it_0\omega} = F(\omega)F(-\omega) = A^2(\omega) \leftrightarrow a(\tau).$$
(M-Gl. 195)

Da $I(t)$ Funktion der Klasse 1 ist, ist die Autokorrelationsfunktion stets kleiner als ∞. Nach Papoulis (1962 (12-12)) ist nämlich:

$$|a(\tau)| \leq a(0) = \int\limits_{-\infty}^{\infty} |I(t)|^2 dt < \infty.$$
(M-Gl. 196)

Für zwei Impulse zu den Zeitpunkten t_1 und t_2 gilt nach (M-Gl. 192):

$$I(t-t_1) \leftrightarrow F_1(\omega) = F(\omega)e^{-it_1\omega} \text{ und } I(t-t_2) \leftrightarrow F_2(\omega) = F(\omega)e^{-it_2\omega}.$$
(M-Gl. 197)

Also ist ihre Kreuzkorrelationsfunktion:

$$\gamma_{12}(\tau) \leftrightarrow F_1(-\omega)F_2(\omega) = F(-\omega)F(\omega)e^{-i(t_2-t_1)\omega} = A^2(\omega)e^{-i(t_2-t_1)\omega}.$$
(M-Gl. 198)

Also folgt mit (M-Gl. 192):

$$\gamma_{12}(\tau) = \alpha(\tau - (t_2 - t_1))$$
$$\gamma_{21}(\tau) = \alpha(\tau - (t_1 - t_2))$$

(M-Gl. 199)

3.5.1.2. Korrelationsfunktionen des δ- Impulses

Da $\int\limits_{-\infty}^{\infty} \delta(t - t_1)\delta(t - t_2)dt = \delta(t_1 - t_2)$ ist (vgl. Hartmann [4]2000, (7.21)), ist die Autokorrelation $\alpha(\tau)$ des δ –Impulses:

$$\alpha(\tau) = \int\limits_{-\infty}^{\infty} \delta(t)\delta(t + \tau)dt = \delta(0 - (-\tau)) = \delta(\tau).$$

(M-Gl. 200)

Für den um t_0 verschobenen δ –Impuls gilt entsprechend:

$$\alpha(\tau) = \int\limits_{-\infty}^{\infty} \delta(t - t_0)\delta(t + \tau - t_0)dt = \delta(t_0 - (t_0 - \tau)) = \delta(\tau).$$

(M-Gl. 201)

Für die Kreuzkorrelationen der um t_1 und t_2 verschobenen δ –Impulse gilt:

$$\gamma_{12}(\tau) = \int\limits_{-\infty}^{\infty} \delta(t - t_1)\delta(t + \tau - t_2)dt = \delta(t_1 - (t_2 - \tau)) = \delta(\tau - (t_2 - t_1))$$

$$\gamma_{21}(\tau) = \int\limits_{-\infty}^{\infty} \delta(t - t_2)\delta(t + \tau - t_1)dt = \delta(t_2 - (t_1 - \tau)) = \delta(\tau - (t_1 - t_2))$$

(M-Gl. 202)

Die Kreuzkorrelationen zeigen also die Abstände beider Ausgangsimpulse zueinander an, jeweils aber mit einem anderen Richtungssinn (Vorzeichenwechsel), d. h.:

$$\gamma_{12}(\tau) = \gamma_{21}(-\tau).$$
(M-Gl. 203)

3.5.1.3. Korrelationsfunktionen des Rechteckimpulses

Geht man von einer Familie von Rechteckimpulsen aus, die vom Parameter ε abhängen:

$$I_\varepsilon(t) = \frac{1}{\varepsilon} p_\varepsilon(t) = \begin{cases} \dfrac{1}{\varepsilon} & |t| < \dfrac{\varepsilon}{2}, \\ 0 & \text{sonst} \end{cases}$$
(M-Gl. 204)

sowie von einer Familie von Dreiecksimpulsen, die ebenfalls vom Parameter ε abhängen:

$$\Delta_\varepsilon(t) = \frac{1}{\varepsilon} q_\varepsilon(t) = \begin{cases} \dfrac{1}{\varepsilon}\left(1 - \dfrac{|t|}{\varepsilon}\right) & |t| < \varepsilon \\ 0 & \text{sonst} \end{cases}$$
(M-Gl. 205)

so ist für jedes ε der Impuls $\Delta_\varepsilon(t)$ die Autokorrelationsfunktion des Rechteckimpulses $I_\varepsilon(t)$.

Beweis:
Die Fouriertransformierte von $I_\varepsilon(t)$ ist nämlich (vgl. Papoulis 1962 S. 21 Ex. 2-6/ S. 243; Ex. 12-1)

$$F(\omega) = \int_{-\infty}^{\infty} I_\varepsilon(t) e^{-i\omega t} dt = \frac{1}{\varepsilon} \int_{-\frac{\varepsilon}{2}}^{\frac{\varepsilon}{2}} e^{-i\omega t} dt = \frac{1}{\varepsilon} \frac{2\sin\left(\omega \dfrac{\varepsilon}{2}\right)}{\omega}.$$
(M-Gl. 206)

Die Fouriertransformierte des Energiespektrums $A^2(\omega)$ ist dann die Autokorrelationsfunktion von $I_\varepsilon(t)$ ((M-Gl. 86), vgl. Papoulis 1962 S. 243, Example 12-1):

$$A^2(\omega) = F(\omega)F(-\omega) = \frac{1}{\varepsilon^2}\frac{4\sin^2\left(\omega\frac{\varepsilon}{2}\right)}{\omega^2} = \frac{1}{\varepsilon}\frac{4\sin^2\left(\omega\frac{\varepsilon}{2}\right)}{\varepsilon\,\omega^2} \leftrightarrow \frac{1}{\varepsilon}\,q_\varepsilon(t) = \varDelta_\varepsilon(t).$$

$$(\text{M-Gl. } 207)$$

q.e.d.

Die beiden Impulsfamilien $I_\varepsilon(t)$ und $\varDelta_\varepsilon(t)$ konvergieren nach (M-Gl. 164) bzw. (M-Gl. 169) gegen die δ-Impulsfunktion im Sinne des allgemeinen Grenzwertes („generalized limit"; vgl. Papoulis S. 277ff).

Nach (M-Gl. 199) ist die Kreuzkorrelation zweier Rechteckimpulse zu den Zeitpunkte t_1 und t_2:

$$\gamma_{12}(\tau) = \varDelta_\varepsilon(\tau - (t_2 - t_1))$$
$$\gamma_{21}(\tau) = \varDelta_\varepsilon(\tau - (t_1 - t_2))$$

$$(\text{M-Gl. } 208)$$

3.5.2. Korrelationsfunktionen für Impulsfolgen
3.5.2.1. Autokorrelationsfunktion für eine Impulsfolge

Sei $I(t)$ ein Impuls mit der Autokorrelationsfunktion $\alpha(\tau)$. Bildet man aus Impulsen der Form $I(t)$ eine endliche Impulsfolge mit Impulsen desselben Abstandes T:

$$x(t) = \sum_{n=-N}^{N} I(t - nT),$$

$$(\text{M-Gl. } 209)$$

so kann man auch diese Folge fouriertransformieren und erhält:

$$x(t) \leftrightarrow F(\omega) \sum_{n=-N}^{N} e^{-inT\omega} =: X(\omega).$$

$$(\text{M-Gl. } 210)$$

Das Energiespektrum von $x(t)$ ist dann (vgl. 3.8.2 (M-Gl. 316)):

$$E(\omega) = X(\omega) \, X(-\omega) = F(\omega)F(-\omega) \sum_{n=-N}^{N} e^{-inT\omega} \sum_{m=-N}^{N} e^{imT\omega}$$

$$= A^2(\omega) \sum_{n=-N}^{N} \sum_{m=-N}^{N} e^{-i(n-m)T\omega} = A^2(\omega) \sum_{n=-2N}^{2N} \left(2N + 1 - |n|\right) e^{-inT\omega}$$

$$= \sum_{n=-2N}^{2N} \left(2N + 1 - |n|\right) A^2(\omega) \, e^{-inT\omega}$$

$$(\text{M-Gl. 211})$$

Die Autokorrelationsfunktion $\rho(\tau)$ von $x(t)$ ist die Fouriertransformation des Energiespektrums $E(\omega)$ (M-Gl. 83). und mit der Additivität der Fouriertransformation gilt:

$$E(\omega) = X(\omega)X(-\omega) \leftrightarrow \rho(\tau) = \sum_{n=-2N}^{2N} (2N + 1 - |n|)\alpha(\tau - nT).$$

$$(\text{M-Gl. 212})$$

Die Koeffizienten von $\rho(\tau)$ geben die Häufigkeit des jeweiligen Impulses an (Abb. 48).

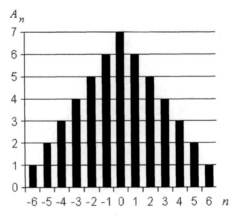

Abb. 48: schematische Darstellung der Häufigkeiten $A_n = \left(2N + 1 - |n|\right)$ für N=3

Für die unendliche Impulsfolge $x(t) = \sum_{n=-\infty}^{\infty} I(t - nT)$ mit der Periode T und der

Frequenz $f = \dfrac{1}{T}$ erhält man durch Grenzwertbildung die Autokorrelationsfunktion $a(\tau)$ (vgl. Papoulis 1962 S. 249 (12-51)):

$$a(\tau) = \sum_{n=-\infty}^{\infty} \frac{1}{T}\alpha(\tau - nT),$$

(M-Gl. 213)

da für die Koeffizienten gilt:

$$\lim_{N \to \infty} \frac{1}{2NT} \sum_{n=-2N}^{2N} (2N + 1 - |n|) = \frac{1}{T}\,.$$

(M-Gl. 214)

3.5.2.2. Kreuzkorrelationsfunktionen von zwei Impulsfolgen

Sind $x_1(t)$ und $x_2(t)$ zwei Impulsfolgen mit den Perioden T_1 und T_2, mit dem Verhältnis:

$$s = \frac{T_1}{T_2}$$

$$x_1(t) = \sum_{n=-N}^{N} I(t - nT_1) \quad \text{und} \quad x_2(t) = \sum_{m=-M}^{M} I(t - m\,s^{-1}T_1 + \varphi).$$

(M-Gl. 215)

Die Kreuzkorrelationen dieser Impulsfolgen sind nach (M-Gl. 199):

$$\rho_{12}(\tau) = \sum_{n=-N}^{N} \sum_{m=-M}^{M} a\left(\tau - \left(ms^{-1} - n\right)T_1 + \varphi\right)$$

$$\rho_{21}(\tau) = \sum_{n=-N}^{N} \sum_{m=-M}^{M} a\left(\tau - \left(n - m\,s^{-1}\right)T_1 - \varphi\right)$$

(M-Gl. 216)

Nach (M-Gl. 88) ist $a(\tau)$ symmetrisch: $a(\tau)=a(-\tau)$. Dann ist aber auch $a(\tau-(ms-n)\,T_1+\varphi)=a(\tau-(ms-n)\,T_1-\varphi)$ Durch die Wahl der Laufbereiche von $-N$ bis N für n und $-M$ bis M für m ergibt sich dann, dass

$$\rho_{12}(\tau)=\rho_{21}(\tau).$$

(M-Gl. 217)

Ist $\varphi=0$, so ist

$$\rho_{12}(\tau)=\sum_{n=-N}^{N}\ \sum_{m=-M}^{M}\alpha\!\left(\tau-\left(ms^{-1}-n\right)T_1\right)$$

(M-Gl. 218a)

$$\rho_{21}(\tau)=\sum_{n=-N}^{N}\ \sum_{m=-M}^{M}\alpha\!\left(\tau-\left(n-ms^{-1}\right)T_1\right)$$

(M-Gl. 218)

Durch die Wahl der Laufbereiche von $-N$ bis N für n und $-M$ bis M für m ergibt sich auch hier, dass

$$\rho_{12}(\tau)=\rho_{21}(\tau).$$

(M-Gl. 219))

Ist $N=M=\infty$, so ist die Kreuzkorrelationsfunktion $c_{12}(\tau)$ nach (M-Gl. 92):

$$c_{12}(\tau)=\lim_{T\to\infty}\frac{1}{2T}\int_{-T}^{T}x_1(t)\,x_2(\tau+t)dt$$

$$=\lim_{T\to\infty}\sum_{\substack{n=-N\\NT_1<T}}^{N}\ \sum_{\substack{m=-M\\MsT_1<T}}^{M}\frac{1}{2T}\int_{-T}^{T}I\!\left(t-nT_1\right)I\!\left(t-ms^{-1}T_1\right)dt=\sum_{k=-\infty}^{\infty}C_k\,\alpha(\tau-a_k\,T_1)$$

(M-Gl. 220)

Jedem Zahlenpaar $(n;m)$ wird nach dem Cantonschen Diagonalverfahren eindeutig eine Zahl $a_k=ms^{-1}-n$ zugeordnet. Der Koeffizient C_k gibt die Häufigkeit des jeweiligen Impulses $\alpha(\tau-a_k\,T_1)$ an.

Ist s irrational, so ist jedes a_k eineindeutig bestimmt (kommt also nur einmal in der Summe vor), also ist $C_k = 1$. Dann ist aber

$$C_k = \lim_{T \to \infty} \frac{1}{2T} \cdot 1 = 0.$$

(M-Gl. 221)

Ferner gilt nach Papoulis (1962 S. 245 (12-22)) für alle n und m, dass die Kreuzkorrelationsfunktionen $\alpha\left(\tau - \left(m s^{-1} - n\right)T_1\right)$ der Impulsfunktionen $I(t - nT_1)$ und $I\left(t - m s^{-1} T_1\right)$ (betragsmäßig) kleiner als Unendlich sind:

$$\left|\alpha\left(\tau - \left(m s^{-1} - n\right)T_1\right)\right| \le \alpha(0) = \int_{-\infty}^{\infty} |I(t)|^2 dt < \infty.$$

(M-Gl. 222)

Also sind bei einer reellen Impulsfunktion die unendlichen Kreuzkorrelationsfunktionen der Impulsfolgen mit irrationalem Verhältnis s gleich Null:

$$c_{12}(\tau) = c_{21}(\tau) = 0.$$

(M-Gl. 223)

Ist s rational, so existieren teilerfremde ganze Zahlen p und q mit:

$$s = \frac{p}{q}.$$

Dann gibt es zu jeder ganzen Zahl b – da p und q teilerfremd sind - eindeutig bestimmte ganze Zahlen $n \equiv b(q)$ und $m \equiv b(p)$ (vgl. 3.1.1.2 und 3.1.3.2 (M-Gl. 46)) mit:

$$n p - m q = b \Leftrightarrow t_k := (n - m\frac{q}{p}) = \frac{b}{p}$$

$$\Leftrightarrow t_k T_1 = (n - m\frac{q}{p})T_1 = \frac{b}{p}T_1 = \frac{b}{p}pT_k = bT_k,$$

(M-Gl. 224)

wobei t_k die aus n und m nach $t_k = (n - s^{-1}m)$ eindeutig bestimmte Zahl ist (vgl. Abb. 42; nach (M-Gl. 23) ist $T_1 = pT_k$).

Mit einer Lösung n und entsprechender Zahl m bildet auch jede Zahl $n' = n + kq \equiv b(q)$ mit entsprechender Zahl $m' = m + kp \equiv b(p)$ ein Lösungspaar der Gleichung $np - mq = b$ (vgl. (M-Gl. 10)). Also sind im Intervall $[-Nq; Nq]$ genau $2N$ Lösungen n zu finden mit zugehörigen Zahlen m, so dass die Gleichung $np - mq = b$ erfüllt ist (vgl. 3.1.1.2).

Da die Kreuzkorrelationsfunktion periodisch ist mit der Periode $T_0 = qT_1 = pT_2 = pq\,T_k$, erhält man für die Koeffizienten, wenn man mit der Anzahl N der Perioden gegen Unendlich geht:

$$C_k = \lim_{N \to \infty} \frac{1}{2NT_0} 2N = \frac{1}{T_0}.$$

(M-Gl. 225)

Also ist

$$c_{12}(\tau) = \sum_{k=-\infty}^{\infty} C_k\, \alpha(\tau - t_k\, T_1) = \sum_{b=-\infty}^{\infty} \frac{1}{T_0} \alpha\left(\tau - \frac{b}{p} T_1\right) = \frac{1}{pqT_k} \sum_{b=-\infty}^{\infty} \alpha(\tau - b\, T_k).$$

(M-Gl. 226)

Auch hier gilt

$$c_{12}(\tau) = c_{21}(\tau),$$

(M-Gl. 227)

und es folgt:

$$c_{12}(\tau) + c_{21}(\tau) = \frac{2}{T_0} \sum_{n=-\infty}^{\infty} \alpha(\tau - n\, T_k) = \frac{2}{pqT_k} \sum_{n=-\infty}^{\infty} \alpha(\tau - n\, T_k).$$

(M-Gl. 228)

3.5.2.3. Autokorrelationsfunktion einer δ – Impulsfolge

Ist eine endliche Folge von δ-Impulsen gegeben durch

$$x(t) = \sum_{n=-N}^{N} \delta(t - nT),$$

dann ist die Autokorrelationsfunktion von $x(t)$ auch eine endliche Folge von δ-Impulsen (vgl. Papoulis 1962 S. 244 Ex. 12-3 mit $\alpha_n = 1$ u. 3.8.2 (M-Gl. 316)):

$$\rho_\delta(\tau) = \sum_{n=-2N}^{2N} \left(2N + 1 \cdot |n|\right) \delta(\tau - nT).$$

(M-Gl. 229)

Ist $x(t)$ eine unendliche Folge von δ-Impulsen:

$$x(t) = \sum_{n=-\infty}^{\infty} \delta(t - nT),$$

dann ist die Autokorrelationsfunktion von $x(t)$ auch eine unendliche Folge von δ- Impulsen (vgl.Papoulis 1962 S. 249 Ex. 12-5 mit $\alpha_k = 1$ (12-51)):

$$a_\delta(\tau) = \sum_{n=-\infty}^{\infty} \frac{1}{T} \delta(\tau - nT).$$

(M-Gl. 230)

3.5.2.4. Kreuzkorrelationsfunktionen einer δ-Impulsfolge

Die Kreuzkorrelationsfunktion zweier endlicher, äquidistanter δ- Impulsfolgen :

$$x_1(t) = \sum_{n=-N}^{N} \delta(t - nT_1) \text{ und } x_2(t) = \sum_{m=-N}^{N} \delta(t - m s^{-1} T_1)$$

(M-Gl. 231)

ist gegeben durch:

$$\rho_{12}(\tau) = \int\limits_{-\infty}^{\infty} x_1(t)\,x_2(\tau+t)\,dt = \int\limits_{-\infty}^{\infty} \sum_{n=-N}^{N} \delta(t - n\,T_1) \sum_{m=-M}^{M} \delta(\tau + t - m\,s^{-1}\,T_1)\,dt$$

$$= \sum_{n=-N}^{N} \sum_{m=-M}^{M} \int\limits_{-\infty}^{\infty} \delta(t - n\,T_1)\,\delta(\tau + t - m\,s^{-1}\,T_1)\,dt$$

$$= \sum_{n=-N}^{N} \sum_{m=-M}^{M} \delta(\tau - (m\,s^{-1} - n)\,T_1)$$

(M-Gl. 232)

Wegen der Wahl der Laufbereiche von $-N$ bis $+N$ für n und $-M$ bis $+M$ für m ist:

$$\rho_{12}(\tau) = \rho_{21}(\tau).$$

(M-Gl. 233)

Ist $N = M = \infty$ und ist s irrational, dann ist nach (M-Gl. 223)

$$c_{12}(\tau) = c_{21}(\tau) = 0.$$

(M-Gl. 234)

Ist $N = M = \infty$ und ist s rational, so existieren teilerfremde ganze Zahlen p und q mit:

$$s = \frac{p}{q}.$$

und es ist nach (M-Gl. 226) und (M-Gl. 227):

$$c_{12}(\tau) = c_{21}(\tau) = \sum_{b=-\infty}^{\infty} \frac{1}{T_0}\delta\left(\tau - \frac{b}{p}\,T_1\right) = \frac{1}{pqT_k}\sum_{n=-\infty}^{\infty} \delta(\tau - n\,T_k).$$

(M-Gl. 235)

3.5.2.5. Autokorrelationsfunktion einer Rechteckimpulsfolge

Ist eine endliche Folge von Rechteckimpulsen (Breite ε) gegeben:

$$x(t) = \sum_{n=-N}^{N} I_\varepsilon(t - nT),$$

dann ist die Autokorrelationsfunktion von $x(t)$ eine endliche Folge von Dreiecks-impulsen (vgl. 3.5.1.3 und (M-Gl. 212)):

$$\rho_\varepsilon(t) = \sum_{n=-2N}^{2N} (2N + 1 - |n|)\, \varDelta_\varepsilon(t - nT).$$

(M-Gl. 236)

Bei einer unendlichen Folge von Rechteckimpulsen:

$$x(t) = \sum_{n=-\infty}^{\infty} I_\varepsilon(t - nT)$$

ist die Autokorrelationsfunktion von $x(t)$ eine unendliche Folge von Dreiecks-impulsen (vgl. 3.5.1.3 und (M-Gl. 213))

$$a_\varepsilon(t) = \sum_{n=-\infty}^{\infty} \frac{1}{T} I_\varepsilon(t - nT).$$

(M-Gl. 237)

3.5.2.6. Kreuzkorrelationsfunktionen von Rechteckimpulsfolgen

Nach 3.5.2.2 erhält man mit (M-Gl. 218) als Kreuzkorrelationen zweier Recht-eckimpulsfolgen im endlichen Fall die Funktionen:

$$\rho_{12}(\tau) = \sum_{n=-N}^{N} \sum_{m=-M}^{M} \varDelta_\varepsilon\left(\tau - \left(m\,s^{-1} - n\right)T_1\right)$$

$$\rho_{21}(\tau) = \sum_{n=-N}^{N} \sum_{m=-M}^{M} \varDelta_\varepsilon\left(\tau - \left(n - m\,s^{-1}\right)T_1\right)$$

(M-Gl. 238)

Ist $N = M = \infty$, so sind:

$$c_{12}(\tau) = \sum_{n=-\infty}^{\infty} \sum_{m=-\infty}^{\infty} \Delta_\varepsilon \left(\tau - \left(m\, s^{-1} - n \right) T_1 \right)$$

$$c_{21}(\tau) = \sum_{n=-\infty}^{\infty} \sum_{m=-\infty}^{\infty} \Delta_\varepsilon \left(\tau - \left(n\text{-}m\, s^{-1} \right) T_1 \right)$$

(M-Gl. 239)

Ist das Schwingungsverhältnis s irrational, so ist nach (M-Gl. 223)

$$c_{12}(\tau) = c_{21}(\tau) = 0.$$

(M-Gl. 240)

Ist s rational, so existieren teilerfremde ganze Zahlen p und q mit:

$$s = \frac{p}{q},$$

und es ist wieder (vgl. (M-Gl. 25)/ (M-Gl. 26)):

$$T_0 = qT_1 = pT_2 = p\,q\,T_k, \text{ sowie } T_k = \frac{T_0}{pq} = \frac{T_1}{p} = \frac{T_2}{q} = ggT(T_1; T_2).$$

Mit Gleichung (M-Gl. 226) sind dann:

$$c_{12}(\tau) = c_{21}(\tau) = \frac{1}{T_0} \sum_{b=-\infty}^{\infty} \Delta_\varepsilon \left(\tau - \frac{b}{p} T_1 \right) = \frac{1}{T_0} \sum_{n=-\infty}^{\infty} \Delta_\varepsilon \left(\tau - nT_k \right)$$

$$= \frac{1}{pqT_k} \sum_{n=-\infty}^{\infty} \Delta_\varepsilon \left(\tau - n\, T_k \right)$$

(M-Gl. 241)

3.6. Autokorrelationsfunktionen für Intervalle
3.6.1. Intervall aus endlichen Impulsfolgen
Sei $I(t)$ eine Impulsfunktion mit der Autokorrelationsfunktion $\alpha(\tau)$. Geht man von zwei endlichen, äquidistanten Impulsfolgen aus:

$$x_1(t) = \sum_{n=-N}^{N} I(t - nT_1) \text{ und } x_2(t) = \sum_{m=-M}^{M} I(t - ms^{-1}T_1)$$

(M-Gl. 242)

aus und bildet aus ihnen das Intervall $J(t) = x_1(t) + x_2(t)$, so kann man die Autokorrelationsfunktion $\Gamma(\tau)$ von $J(t)$ berechnen. Mit (Gl. 35) bzw. (M-Gl. 68) erhält man im endlichen Fall mit (M-Gl. 212) und (M-Gl. 218)/ (M-Gl. 219)):

$$\Gamma(\tau) = \sum_{n=-2N}^{2N} \left(2N + 1 - |n|\right) \alpha(\tau - nT_1) + \sum_{m=-2M}^{2M} (2M + 1 - |m|)\alpha(\tau - s^{-1}mT_1) +$$

$$+ \sum_{n=-N}^{N} \sum_{m=-M}^{M} \left(\alpha(\tau - (n - s^{-1}m)T_1) + \alpha(\tau - (s^{-1}m - n)T_1)\right) =$$

$$= \sum_{n=-2N}^{2N} \left(2N + 1 - |n|\right)\alpha(\tau - nT_1) + \sum_{m=-2M}^{2M} \left(2M + 1 - |m|\right)\alpha(\tau - s^{-1}mT_1) +$$

$$+ 2\sum_{n=-N}^{N} \sum_{m=-M}^{M} \alpha(\tau - (n - s^{-1}m)T_1)$$

(M-Gl. 243)

3.6.2. Intervall aus unendlichen Impulsfolgen
Ist $N = M = \infty$, so berechnet man ebenfalls mit (Gl. 35) bzw. (M-Gl. 68) (M-Gl. 63) die Autokorrelationsfunktion $A(\tau)$.
1: Ist s irrational ($\Rightarrow J_\varepsilon(t)$ ist nichtperiodisch)
Nach (M-Gl. 223) sind dann die Kreuzkorrelationsfunktionen gleich 0:

$$c_{12}(\tau) = \sum_{n=-\infty}^{\infty} \sum_{m=-\infty}^{\infty} \alpha(\tau - (s^{-1} m - n)T_1 = 0$$

$$c_{21}(\tau) = \sum_{n=-\infty}^{\infty} \sum_{m=-\infty}^{\infty} \alpha(\tau - (n - s^{-1} m)T_1 = 0$$

(M-Gl. 244)

Also erhält man für die Autokorrelationsfunktion $A(\tau)$ mit (M-Gl. 213):

$$A(\tau) = a_{x_1}(\tau) + a_{x_2}(\tau) = \sum_{n=-\infty}^{\infty} \frac{1}{T_1} \alpha(\tau - nT_1) + \sum_{n=-\infty}^{\infty} \frac{1}{sT_1} \alpha(\tau - ns^{-1} T_1).$$

(M-Gl. 245)

2: Ist s rational, so existieren teilerfremde ganze Zahlen p und q mit:

$$s = \frac{p}{q},$$

und es ist wieder (vgl. (M-Gl. 25)/ (M-Gl. 26)):

$$T_0 = qT_1 = pT_2 = pqT_k, \text{ sowie } T_k = \frac{T_0}{pq} = \frac{T_1}{p} = \frac{T_2}{q} = ggT(T_1; T_2).$$

Nach (M-Gl. 228) und (M-Gl. 213) ist dann:

$$A(\tau) = \sum_{n=-\infty}^{\infty} \frac{1}{T_1} \alpha(\tau - nT_1) + \sum_{n=-\infty}^{\infty} \frac{q}{p\,T_1} \alpha(\tau - \frac{q}{p} n\,T_1) + 2 \sum_{n=-\infty}^{\infty} \frac{1}{q\,T_1} \alpha(\tau - n \frac{T_1}{p})$$

$$= \sum_{n=-\infty}^{\infty} \frac{q}{T_0} \alpha(\tau - n \frac{T_0}{q}) + \sum_{n=-\infty}^{\infty} \frac{p}{T_0} \alpha(\tau - n \frac{T_0}{p}) + 2 \sum_{n=-\infty}^{\infty} \frac{1}{T_0} \alpha(\tau - n \frac{T_0}{pq})$$

$$= \frac{1}{T_0} \left[\sum_{n=-\infty}^{\infty} q\, \alpha(\tau - n\,pT_k) + \sum_{n=-\infty}^{\infty} p\, \alpha(\tau - nqT_k) + 2 \sum_{n=-\infty}^{\infty} \alpha(\tau - n\,T_k) \right]$$

(M-Gl. 246)

Anmerkung:
Da gilt:

$$\lim_{k \to \infty} \frac{1}{2k}(2k\,p + 1 - |n|) = p$$

folgt:

$$\lim_{k \to \infty} \frac{1}{2kT_0} \sum_{n=-2kp}^{2kp}(2k\,p + 1 - |n|)\,a(\tau - nT) = \frac{1}{T_0}\sum_{n=-2kp}^{2kp} p\,a(\tau - nT).$$

(M-Gl. 247)

Also gilt für $N = 2kq$ und $M = 2kp$ zusammen mit (M-Gl. 243), dass:

$$A(\tau) = \lim_{k \to \infty} \frac{1}{2kT_0}\,\Gamma(\tau) \quad .$$

(M-Gl. 248)

Beweis siehe 3.9.3.

3.6.3. Intervall aus δ – Impulsfolgen

Sind zwei endliche Folgen von δ-Impulsen gegeben:

$$x_1(t) = \sum_{n=-N}^{N}\delta(t - nT_1) \quad \text{und} \quad x_2(t) = \sum_{n=-M}^{M}\delta(t - nT_2),$$

dann ist analog zu (M-Gl. 243) die Autokorrelationsfunktion $\Gamma_\delta(\tau)$ des Intervalls $J(t) = x_1(t) + x_2(t)$:

$$\Gamma_\delta(\tau) = \sum_{n=-2N}^{2N}(2N + 1 - |n|)\delta(\tau - nT_1) + \sum_{m=-2M}^{2M}(2M + 1 - |m|)\delta(\tau - s^{-1}mT_1) +$$

$$+ 2\sum_{n=-N}^{N}\sum_{m=-M}^{M}\delta(\tau - (n - s^{-1}m)T_1)$$

(M-Gl. 249)

Sind zwei unendliche Folgen von δ- Impulsen gegeben:

$$x_1(t) = \sum_{n=-\infty}^{\infty} \delta(t - n\,T_1) \text{ und } x_2(t) = \sum_{n=-\infty}^{\infty} \delta(t - nT_2),$$

und ist das Verhältnis der Perioden

$$s = \frac{T_1}{T_2}$$

irrational, dann ist die Autokorrelationsfunktion $A_\delta(\tau)$ von $J(t) = x_1(t) + x_2(t)$ nach (M-Gl. 245):

$$A_\delta(\tau) = \sum_{n=-\infty}^{\infty} \frac{1}{T_1} \delta(\tau - nT_1) + \sum_{n=-\infty}^{\infty} \frac{1}{s\,T_1} \delta(\tau - n\,s^{-1}T_1).$$

$$(\text{M-Gl. 250})$$

Sind zwei unendliche Folgen von δ- Impulsen gegeben:

$$x_1(t) = \sum_{n=-\infty}^{\infty} \delta(t - n\,T_1) \text{ und } x_2(t) = \sum_{n=-\infty}^{\infty} \delta(t - nT_2),$$

und ist das Schwingungsverhältnis s rational, so existieren teilerfremde ganze Zahlen p und q mit:

$$s = \frac{p}{q},$$

und es ist wieder (vgl. (M-Gl. 25)/ (M-Gl. 26)):

$$T_0 = qT_1 = pT_2 = p\,q\,T_k, \text{ sowie } T_k = \frac{T_0}{pq} = \frac{T_1}{p} = \frac{T_2}{q} = ggT(T_1;T_2).$$

so ist die Autokorrelationsfunktion von $J(t) = x_1(t) + x_2(t)$ nach (M-Gl. 246):

$$A_\delta(\tau) = \sum_{n=-\infty}^{\infty} \frac{1}{T_1} \delta(\tau - nT_1) + \sum_{n=-\infty}^{\infty} \frac{p}{qT_1} \delta(\tau - \frac{q}{p} n T_1) + 2 \sum_{n=-\infty}^{\infty} \frac{1}{qT_1} \delta(\tau - n \frac{T_1}{p})$$

$$= \sum_{n=-\infty}^{\infty} \frac{q}{T_0} \delta(\tau - n \frac{T_0}{q}) + \sum_{n=-\infty}^{\infty} \frac{p}{T_0} \delta(\tau - n \frac{T_0}{p}) + 2 \sum_{n=-\infty}^{\infty} \frac{1}{T_0} \delta(\tau - n \frac{T_0}{pq})$$

$$= \frac{1}{T_0} \left[\sum_{n=-\infty}^{\infty} q \, \delta(\tau - n p T_k) + \sum_{n=-\infty}^{\infty} p \, \delta(\tau - n q T_k) + 2 \sum_{n=-\infty}^{\infty} \delta(\tau - n T_k) \right]$$

(M-Gl. 251)

3.6.4. Intervall aus Rechteckimpulsfolgen

Sind zwei endliche Folgen von Rechteckimpulsen gegeben:

$$x_1(t) = \sum_{n=-N}^{N} I_\varepsilon(t - nT_1) \text{ und } x_2(t) = \sum_{n=-M}^{M} I_\varepsilon(t - nT_2),$$

dann erhält man für das Intervall $J(t) = x_1(t) + x_2(t)$ nach (M-Gl. 243) die Autokorrelationsfunktion des Intervalls:

$$\Gamma_\varepsilon(\tau) = \sum_{n=-2N}^{2N} (2N + 1 - |n|) \, \Delta_\varepsilon(\tau - nT_1) + \sum_{m=-2M}^{2M} (2M + 1 - |m|) \, \Delta_\varepsilon(\tau - s^{-1} mT_1) +$$

$$+ 2 \sum_{n=-N}^{N} \sum_{m=-M}^{M} \Delta_\varepsilon(\tau - (n - s^{-1} m)T_1)$$

(M-Gl. 252)

Mit (M-Gl. 169) folgt:

$$\lim_{\varepsilon \to 0} \Gamma_\varepsilon(\tau) = \sum_{n=-2N}^{2N} (2N + 1 - |1|) \, \delta(\tau - nT_1) + \sum_{m=-2M}^{2M} (2M + 1 - |m|) \, \delta(\tau - s^{-1} mT_1)$$

$$+ 2 \sum_{n=-N}^{N} \sum_{m=-M}^{M} \delta(\tau - (n - s^{-1} m)T_1) = \Gamma_\delta(\tau)$$

(M-Gl. 253)

1. Sind zwei unendliche Folgen von Rechteckimpulsen gegeben:

$$x_1(t) = \sum_{n=-\infty}^{\infty} I_\varepsilon(t - nT_1) \text{ und } x_2(t) = \sum_{n=-\infty}^{\infty} I_\varepsilon(t - nT_2)$$

und ist das Verhältnis der Perioden

$$s = \frac{T_1}{T_2}$$

irrational, dann ist die Autokorrelationsfunktion von $J(t) = x_1(t) + x_2(t)$ nach der Gleichung (M-Gl. 245):

$$A_\varepsilon(\tau) = \sum_{n=-\infty}^{\infty} \frac{1}{T_1} \Delta_\varepsilon(\tau - nT_1) + \sum_{n=-\infty}^{\infty} \frac{1}{sT_1} \Delta_\varepsilon(\tau - ns^{-1}T_1).$$

(M-Gl. 254)

Mit (M-Gl. 169) folgt:

$$\lim_{\varepsilon \to 0} A_\varepsilon(\tau) = \sum_{n=-\infty}^{\infty} \frac{1}{T_1} \delta(\tau - nT_1) + \sum_{n=-\infty}^{\infty} \frac{1}{sT_1} \delta(\tau - ns^{-1}T_1) = A_\delta(\tau).$$

(M-Gl. 255)

2. Sind zwei unendliche Folgen von Rechteckimpulsen gegeben:

$$x_1(t) = \sum_{n=-\infty}^{\infty} I_\varepsilon(t - nT_1) \text{ und } x_2(t) = \sum_{n=-\infty}^{\infty} I_\varepsilon(t - nT_2)$$

und ist das Verhältnis der Perioden rational

$$s = \frac{T_1}{T_2} = \frac{p}{q},$$

mit teilerfremden ganzen Zahlen p und q, so ist wieder (vgl. (M-Gl. 25)/ (M-Gl. 26)):

$$T_0 = qT_1 = pT_2 = pqT_k \text{, sowie } T_k = \frac{T_0}{pq} = \frac{T_1}{p} = \frac{T_2}{q} = ggT(T_1;T_2).$$

Die Autokorrelationsfunktion von $J(t) = x_1(t) + x_2(t)$ ist nach (M-Gl. 246):

$$A_\varepsilon(\tau) = \sum_{n=-\infty}^{\infty} \frac{1}{T_1} \Delta_\varepsilon(\tau - nT_1) + \sum_{n=-\infty}^{\infty} \frac{p}{qT_1} \Delta_\varepsilon(\tau - \frac{q}{p}nT_1) + 2\sum_{n=-\infty}^{\infty} \frac{1}{qT_1} \Delta_\varepsilon(\tau - n\frac{T_1}{p})$$

$$= \sum_{n=-\infty}^{\infty} \frac{q}{T_0} \Delta_\varepsilon(\tau - n\frac{T_0}{q}) + \sum_{n=-\infty}^{\infty} \frac{p}{T_0} \Delta_\varepsilon(\tau - n\frac{T_0}{p}) + 2\sum_{n=-\infty}^{\infty} \frac{1}{T_0} \Delta_\varepsilon(\tau - n\frac{T_0}{pq})$$

$$= \frac{1}{T_0}\left[\sum_{n=-\infty}^{\infty} q\, \Delta_\varepsilon(\tau - npT_k) + \sum_{n=-\infty}^{\infty} p\, \Delta_\varepsilon(\tau - nqT_k) + 2\sum_{n=-\infty}^{\infty} \Delta_\varepsilon(\tau - nT_k) \right]$$

(M-Gl. 256)

eine Summe von Dreiecksfunktionen. Sie besteht aus Dreiecksimpulsen, die um die folgenden Werte aus dem Nullpunkt verschoben sind:

$$nT_1 = n\frac{T_0}{p} = nqT_k \text{, bzw.}$$

$$nT_2 = n\frac{p}{q}T_1 = n\frac{T_0}{q} = npT_k \text{, bzw.}$$

$$n\frac{T_1}{p} = \frac{T_0}{pq} = nT_k.$$

Mit (M-Gl. 169) folgt:

$$\lim_{\varepsilon \to 0} A_\varepsilon(\tau) = A_\delta(\tau)$$

(M-Gl. 257)

Beweis: siehe 3.9.4

3.7. Allgemeines Koinzidenzmaß und Koinzidenzfunktion
3.7.1. Das Allgemeine Koinzidenzmaß
3.7.1.1. Das Überlappungsintegral und der Grad der Koinzidenz
Sind die beiden Töne eines Intervalls mit dem Schwingungsverhältnis s als Impulsfolgen (aber: keine δ- Impulse, vgl. 3.7.2.1) gegeben, so kann aus der Häufigkeit des Zusammentreffens und der Größe der Überlappungsbereiche der Im-

pulse der Grad der Koinzidenz κ_ε des Intervalls bestimmt werden: der Koinzidenzgrad κ_ε des Intervalls mit dem Schwingungsverhältnis s sei hier das Integral über die quadrierte Autokorrelationsfunktion $A_\varepsilon(\tau)$ bzw. $\Gamma_\varepsilon(\tau)$ der Summe beider Impulsfolgen im Zeitintervall von α [ms] bis β [ms]:

$$\kappa_\varepsilon\colon = \int_\alpha^\beta A_\varepsilon^{\ 2}(\tau)d\tau \text{ bzw. } \kappa_\varepsilon\colon = \int_\alpha^\beta \Gamma_\varepsilon^{\ 2}(\tau)d\tau.$$

(M-Gl. 258)

Begründung der Definition von κ_ε:

Die Koinzidenz des Intervalls wird durch das Verhältnis der Perioden der Primärtöne bestimmt. Zur Periodizitätsanalyse bildet man also die Autokorrelationsfunktion, die über die Häufigkeiten aller ISI Auskunft gibt. Koinzidierende Perioden entsprechen ISI, die mehrfach auftreten. Hier zeigt die Autokorrelationsfunktion höhere Werte. Quadriert man die Autokorrelationsfunktion, so werden die Werte für Perioden mit Koinzidenz überproportional vergrößert. Integriert man die quadrierte Autokorre-lationsfunktion über die Periodenlängen τ, so zeigt das Integral große Werte, wenn Koinzidenzen häufig sind, und niedrigere Werte, wenn wenige Koinzidenzen auftreten. Am Beispiel zweier Impulse der Höhe 1 kann man sich diesen Sachverhalt verdeutlichen.

Koinzidieren beide Impulse nicht, so führt Quadrieren und Integrieren auf die Summe zweier Summanden: $1^2 + 1^2 = 2$. Koinzidieren beide Impulse, erhält man nur einen Impuls der Höhe 2. Quadrieren und Integrieren (Summieren) führt auf $2^2 = 4$. Im Fall der Koinzidenz erhält man also nach dem Quadrieren einen höheren Wert, als wenn beide Impulse nicht aufeinander treffen.

3.7.2 Die durchschnittliche Energie der Autokorrelationsfunktion

Statt der Quadratbildung kann auch eine andere Funktion mit überproportionaler Steigung verwandt werden. Jedoch entspricht die Quadratbildung dem mathematischen Konzept der (durchschnittlichen) Energie eines Signals. Das Signal ist in diesem Fall die Autokorrelationsfunktion $A_\varepsilon(\tau)$ (bzw. $\Gamma_\varepsilon(\tau)$ des Intervalls. Nach Gleichung (M-Gl. 89) ist die Energie im Fall endlicher Impulsfolgen:

$$\kappa_\varepsilon = P_\varepsilon(0) = \int_{-\infty}^{\infty} \Gamma_\varepsilon{}^2(\tau) d\tau .$$

(M-Gl. 259)

(Beachte: $\left|\Gamma_\varepsilon{}^2(\tau)\right| = \Gamma_\varepsilon{}^2(\tau)$, da $\Gamma_\varepsilon(\tau)$ reell). Dabei ist $P_\varepsilon(t)$ die Autokorrelationsfunktion von $\Gamma_\varepsilon(\tau)$. Da $\Gamma_\varepsilon(\tau)$ eine endliche Folge ist, kann $P_\varepsilon(t)$ nach (M-Gl. 87) als Faltung berechnet werden:

$$P_\varepsilon(t) = \Gamma_\varepsilon(t) * \Gamma_\varepsilon(-t).$$

(M-Gl. 260)

Im Fall von unendlichen Impulsfolgen ist auch $A_\varepsilon(\tau)$ eine unendliche Folge. Dabei ist $\left|A_\varepsilon^2(\tau)\right| = A_\varepsilon^2(\tau)$, da $A_\varepsilon(\tau)$ reell ist. Nach (M-Gl. 69) zusammen mit (M-Gl. 91) für $\tau = 0$ erhält man dann.:

$$\kappa_\varepsilon = R_\varepsilon(0) = \lim_{T \to \infty} \frac{1}{2T} \int_{-T}^{T} A_\varepsilon{}^2(\tau) d\tau .$$

(M-Gl. 261)

Es ist $R_\varepsilon(t)$ die Autokorrelationsfunktion von $A_\varepsilon(\tau)$ (vgl. Papoulis 1962 Gl. (12-27)).

Im Fall eines rationalen Schwingungsverhältnisses hat die Autokorrelationsfunktion dieselben Perioden, wie die Ausgangsfunktion (Gl. 36). Also erhält man hieraus bei einem Intervall $J(t) = x_1(t) + x_2(t)$ mit dem Schwingungsverhältnis $s = \dfrac{p}{q}$ mit $T_0 = qT_1 = pT_2 = pqT_k$ (vgl. (M-Gl. 26)) als Koinzidenzmaß:

$$\kappa_\varepsilon = R_\varepsilon(0) = \lim_{k \to \infty} \frac{1}{2kT_0} \int_{-kT_0}^{kT_0} A_\varepsilon{}^2(\tau) d\tau .$$

(M-Gl. 262)

Zur Bestimmung von κ_ε genügt es wegen der Periodizität, eine Teilfolge von $A_\varepsilon(\tau)$ zu betrachten, die einer Periode entspricht. Also betrachtet man folgende Teilfolge von $A_\varepsilon(\tau)$:

$$\tilde{A}_\varepsilon(\tau) = \frac{1}{T_0^2}\left[\sum_{n=1}^{p} p\, \alpha_\varepsilon(\tau - nqT_k) + \sum_{n=1}^{q} q\, \alpha_\varepsilon(\tau - npT_k) + 2\sum_{n=1}^{pq} \alpha_\varepsilon(\tau - nT_k)\right].$$

(M-Gl. 263)

Da $\tilde{A}_\varepsilon(\tau)$ endlich ist, kann die zugehörige Autokorrelationsfunktion $\tilde{R}_\varepsilon(t)$ als Faltung berechnet werden (ausgeführte Berechnung siehe 3.9.5 (M-Gl. 319):

$$\tilde{R}_\varepsilon(t) = \tilde{A}_\varepsilon(t) * \tilde{A}_\varepsilon(-t).$$

(M-Gl. 264)

Dann ist:

$$\tilde{\kappa}_\varepsilon = \tilde{R}_\varepsilon(0) = \lim_{k \to \infty} \frac{1}{2kT_0} \int_{-kT_0}^{kT_0} A_\varepsilon^2(\tau)\,d\tau = \kappa_\varepsilon.$$

(M-Gl. 265)

3.7.2.1 Koinzidenzmaß von Intervallen bei δ-Impulsfolgen

Die Definition der allgemeinen Koinzidenzfunktion setzt voraus, dass sich die Autokorrelationsfunktion quadrieren lässt und das Integral des Quadrates existiert. Man beachte, dass das Quadrat des δ- Impulses nicht definiert ist, wohl aber die Faltung von δ- Impulsen.

Einerseits kann die allgemeine Koinzidenzfunktion für den diskreten Fall von δ- Impulsfolgen als Grenzwert von Impulsfolgen definiert werden, deren Impulse (als generalized limes) gegen den δ- Impuls konvergieren. Um die Beziehung zwischen Rechteckimpulsfolgen und δ- Impulsfolgen zu verdeutlichen, wird dieses für den Fall von Rechteckimpulsfolgen demonstriert (vgl. 3.7.3.2 und (M-Gl. 296)).

Andererseits kann im diskreten Fall die Faltung der Autokorrelationsfunktion aus δ- Impulsen zur Bestimmung eines Koinzidenzmaßes benutzt werden. In dem mathematischen Konzept der durchschnittlichen Energie bildet man bei unendlichen δ- Impulsfolgen zur Bestimmung des mittleren Energiegehaltes den mittleren Durchschnittswert aller quadrierten Koeffizienten (vgl. Papoulis 1962 Gl. (12-2), (M-Gl. 71)).

Bei der Autokorrelationsfunktion eines Intervalls aus endlichen δ- Impulsfolgen (α_n reell), etwa

$$\Gamma_\delta(\tau) = \sum_{n=-N}^{N} \alpha_n \delta(\tau - nT_n),$$

(M-Gl. 266)

bildet man die Summe aller quadrierten Koeffizienten:

$$\kappa_\delta = \sum_{n=1}^{N} \alpha_n^2 = \int_{-\infty}^{\infty} P_\delta(0)d\tau,$$

(M-Gl. 267)

wobei $P_\delta(t) = \Gamma_\delta(t) * \Gamma_\delta(-t)$ die Autokorrelationsfunktion von $\Gamma_\delta(\tau)$ ist.

Bei der Autokorrelationsfunktion eines Intervalls aus unendlichen δ-Impulsfolgen:

$$A_\delta(\tau) = \sum_{n=-\infty}^{\infty} \alpha_n \delta(\tau - nT_n)$$

(M-Gl. 268)

bildet man nach (M-Gl. 71):

$$\kappa_\delta = \lim_{T\to\infty} \frac{1}{2T} \sum_{n:|nT_n|<T} \alpha_n^2 = \lim_{T\to\infty} \frac{1}{2T} \int_{-T}^{T} R_\delta(0)d\tau,$$

(M-Gl. 269)

wobei $R_\delta(t)$ die Autokorrelationsfunktion von $a_\delta(\tau)$ ist.

Für ein Intervall aus δ- Impulsfolgen, die in einem rationalen Schwingungsverhältnis stehen (p und q teilerfremde, positive ganze Zahlen und (M-Gl. 26): $T_0 = qT_1 = pT_2 = pqT_k$, vgl. 3.1.1.3):

$$s = \frac{p}{q}$$

hat die Autokorrelationsfunktion als δ- Impulsfolge die Form:

$$A_\delta(\tau) = \sum_{n=-\infty}^{\infty} \alpha_n \delta(\tau - nT_k).$$

(M-Gl. 270)

Da die Autokorrelationsfunktion dieselben Perioden hat, wie die Ausgangs-funktion (Gl. 36), genügt es auch hier bei einem Intervall mit dem rationalen Schwingungsverhältnis s, die Teilfolge der Autokorrelationsfunktion zu betrachten, die einer Periode entspricht:

$$\tilde{A}_\delta(\tau) = \frac{1}{T_0}\left[\sum_{n=1}^{p} p\,\delta(\tau - nqT_k) + \sum_{n=1}^{q} q\,\delta(\tau - npT_k) + 2\sum_{n=1}^{pq}\delta(\tau - nT_k)\right].$$

(M-Gl. 271)

Dann ist

$$\kappa_\delta = \lim_{N\to\infty}\frac{1}{2NT_0}\sum_{n=-Npq}^{Npq}\alpha_n^2 = \int_{-\infty}^{\infty}\tilde{R}_\delta(0)dt,$$

(M-Gl. 272)

wobei $\tilde{R}_\delta(t) = \tilde{A}_\delta(t) * \tilde{A}_\delta(-t)$ die Autokorrelationsfunktion von $\tilde{A}_\delta(\tau)$ ist. Also berechnet man durch Faltung die Autokorrelationsfunktion $\tilde{R}_\delta(\tau)$:

$$\tilde{R}_\delta(t) := \tilde{A}_\delta(t) * \tilde{A}_\delta(-t)$$

(M-Gl. 273)

Die Berechnung der Faltung ist unter 3.9.6 (M-Gl. 320) ausgeführt. Daraus erhält man an der Stelle $t = 0$ dann:

$$\tilde{R}_\delta(0) = \frac{1}{T_0^2} p^2 \sum_{n=1}^{p} \sum_{m=1}^{p} \delta((n-m)qT_k) + \frac{1}{T_0^2} q^2 \sum_{n=1}^{q} \sum_{m=1}^{q} \delta((n-m)pT_k)$$

$$+ \frac{2^2}{T_0^2} \sum_{n=1}^{pq} \sum_{m=1}^{pq} \delta((n-m)T_k) + \frac{2}{T_0^2} pq \sum_{n=1}^{p} \sum_{m=1}^{q} \delta((nq-mp)T_k)$$

$$+ \frac{2^2}{T_0^2} p \sum_{n=1}^{p} \sum_{m=1}^{pq} \delta((nq-m)T_k) + \frac{2^2}{T_0^2} q \sum_{n=1}^{q} \sum_{m=1}^{pq} \delta((np-m)T_k)$$

$$(\text{M-Gl. 274})$$

Daraus berechnet man das Koinzidenzmaß (da $\int_{-\infty}^{\infty} \delta(t)dt = 1$):

$$\kappa_\delta\left(\frac{p}{q}\right) = \int_{-\infty}^{\infty} \tilde{R}_\delta(0) = \frac{1}{T_0^2} p^2 \sum_{n=1}^{p} 1 + \frac{1}{T_0^2} q^2 \sum_{n=1}^{q} 1 + \frac{1}{T_0^2} 2^2 \sum_{n=1}^{pq} 1$$

$$+ \frac{2}{T_0^2} pq + \frac{2^2}{T_0^2} p \sum_{n=1}^{p} 1 + \frac{2^2}{T_0^2} q \sum_{n=1}^{q} 1$$

$$= \frac{1}{T_0^2} \left(p^3 + q^3 + 6pq + 4p^2 + 4q^2 \right)$$

$$(\text{M-Gl. 275})$$

Das ist dasselbe Koinzidenzmaß, wie das statistisch bestimmte Maß aus Gleichung (M-Gl. 49):

$$\kappa_\delta\left(\frac{p}{q}\right) = \kappa\left(\frac{p}{q}\right).$$

$$(\text{M-Gl. 276})$$

3.7.3. Die Allgemeine Koinzidenzfunktion
3.7.3.1. Definition der Allgemeinen Koinzidenzfunktion
Da die Autokorrelationsfunktion für jedes Schwingungsverhältnis s gebildet werden kann, erhält man letztlich eine Funktion in zwei Variablen:

$$A_\varepsilon(s;\tau) \, bzw. \; \Gamma_\varepsilon(s,\tau),$$

(M-Gl. 277)

die jedem Schwingungsverhältnis die zugehörige Autokorrelationsfunktion $A_\varepsilon(s;\tau)$ bzw. $\Gamma_\varepsilon(s;\tau)$ nach (M-Gl. 243), (M-Gl. 245) oder (M-Gl. 246) zuordnet. Weil damit auch der Wert von κ_ε vom Schwingungsverhältnis s abhängt, bildet man jedes Schwingungsverhältnis s auf das zugehörige Koinzidenzmaß κ_ε ab und definiert dadurch die allgemeine Koinzidenzfunktion:

$$\kappa_\varepsilon(s) := \int_\alpha^\beta A_\varepsilon^2(s;\tau)d\tau \; bzw. \, \kappa_\varepsilon(s) := \int_\alpha^\beta \Gamma_\varepsilon^2(s,\tau)d\tau \quad .$$

(M-Gl. 278)

3.7.3.2. Konvergente Allgemeine Koinzidenzfunktion

Die in (M-Gl. 278) definierten allgemeinen Koinzidenzfunktionen lassen sich nicht unmittelbar durch die Grenzwertbildung von $\varepsilon \to 0$ mit dem im diskreten Fall definierten Koinzidenzmaß κ_δ (M-Gl. 275) in Beziehung setzen: für ganzzahlige Schwingungsverhältnisse ergeben sich verschiedene Werte, d. h.

$$\text{für } s = \frac{p}{q} \text{ ist: } \lim_{\varepsilon \to 0} \kappa_\varepsilon\left(\frac{p}{q}\right) \neq \kappa_\delta\left(\frac{p}{q}\right)$$

Das liegt daran, dass der quadrierte Dreiecksimpuls nicht gegen den δ- Impuls konvergiert. Durch einfache Multiplikation läßt sich jedoch die Konvergenz herbeiführen.
Als Quadrat der Dreiecksfunktion (vgl. 3.4.3)

$$\Delta_\varepsilon(t) = \frac{1}{\varepsilon} q_\varepsilon(t)$$

erhält man nämlich die Funktion:

$$\Delta^2_\varepsilon(t) = \frac{1}{\varepsilon^2} q^2_\varepsilon(t) = \begin{cases} \dfrac{1}{\varepsilon^2}\left(1 - \dfrac{|t|}{\varepsilon}\right)^2 & |t| < \varepsilon \\ 0 & \text{sonst} \end{cases}$$

(M-Gl. 279)

Für das Integral von $\varDelta^2_\varepsilon(t)$ gilt:

$$h := \int\limits_{-\infty}^{\infty} \varDelta^2_\varepsilon(t)\,dt = \frac{2}{3\varepsilon}$$

Versieht man daher $\varDelta^2_\varepsilon(t)$ mit dem Faktor h^{-1}, so erhält man eine Familie von Funktionen, die gegen den δ- Impuls konvergiert:

$$s_\varepsilon(t) = \frac{3\varepsilon}{2}\,\varDelta^2_\varepsilon(t) = \frac{3}{2\varepsilon}\,q_\varepsilon^{\,2}(t) = \begin{cases} \dfrac{3}{2\varepsilon}\left(1-\dfrac{t}{\varepsilon}\right)^2 & 0 < t < \varepsilon \\[2mm] \dfrac{3}{2\varepsilon}\left(1+\dfrac{t}{\varepsilon}\right)^2 & -\varepsilon < t < 0 \\[2mm] 0 & \text{sonst} \end{cases}$$

(M-Gl. 280)

Es ist also:

$$\lim_{\varepsilon \to 0} s_\varepsilon(t) = \delta(t).$$

(M-Gl. 281)

Beweis:
Sei $\varPhi(t)$ eine stetige Testfunktion. Da nach der Regel von l'Hospital gilt:

$$\lim_{\varepsilon \to 0} \frac{1}{\varepsilon} \int\limits_0^\varepsilon \varPhi(t)\,dt = \lim_{\varepsilon \to 0} \varPhi(\varepsilon) = \varPhi(0)$$

(M-Gl. 282)

und

$$\lim_{\varepsilon \to 0} \frac{1}{\varepsilon^2} \int\limits_0^\varepsilon t\,\varPhi(t)\,dt = \lim_{\varepsilon \to 0} \frac{\varepsilon\,\varPhi(\varepsilon)}{2\varepsilon} = \frac{1}{2}\varPhi(0)$$

(M-Gl. 283)

und

$$\lim_{\varepsilon \to 0} \frac{1}{\varepsilon^3} \int\limits_0^\varepsilon t^2 \, \Phi(t) dt = \lim_{\varepsilon \to 0} \frac{\varepsilon^2 \, \Phi(\varepsilon)}{3\varepsilon^2} = \frac{1}{3} \Phi(0) \, ,$$

(M-Gl. 284)

und es folgt:

$$\lim_{\varepsilon \to 0} \int\limits_0^\varepsilon \frac{3}{2\varepsilon} \, q_\varepsilon^{\,2}(t) \Phi(t) dt = \lim_{\varepsilon \to 0} \int\limits_0^\varepsilon \frac{3}{2\varepsilon} \left(1 - \frac{t}{\varepsilon}\right)^2 \Phi(t) dt$$

$$= \frac{3}{2} \left[\lim_{\varepsilon \to 0} \left(\frac{1}{\varepsilon} \int\limits_0^\varepsilon \Phi(t) dt - \frac{2}{\varepsilon^2} \int\limits_0^\varepsilon t \, \Phi(t) dt + \frac{1}{\varepsilon^3} \int\limits_0^\varepsilon t^2 \, \Phi(t) dt \right) \right]$$

$$= \frac{3}{2} \left[\Phi(t) - \Phi(t) + \frac{1}{3} \Phi(t) \right] = \frac{1}{2} \Phi(0)$$

(M-Gl. 285)

Analog gilt:

$$\lim_{\varepsilon \to 0} \frac{1}{\varepsilon} \int\limits_{-\varepsilon}^0 \Phi(t) \, dt = - \lim_{\varepsilon \to 0} \Phi(-\varepsilon) = \Phi(0)$$

(M-Gl. 286)

und

$$\lim_{\varepsilon \to 0} \frac{1}{\varepsilon^2} \int\limits_{-\varepsilon}^0 t \, \Phi(t) dt = \lim_{\varepsilon \to 0} \frac{-\varepsilon \, \Phi(-\varepsilon)}{2\varepsilon} = \frac{-1}{2} \, \Phi(0)$$

(M-Gl. 287)

und

$$\lim_{\varepsilon \to 0} \frac{1}{\varepsilon^3} \int\limits_{-\varepsilon}^0 t^2 \Phi(t)) dt = \lim_{\varepsilon \to 0} \frac{\varepsilon^2 \, \Phi(-\varepsilon)}{3\varepsilon^2} = \frac{1}{3} \Phi(0),$$

(M-Gl. 288)

folgt:

$$\lim_{\varepsilon \to 0} \int_{-\varepsilon}^{0} \frac{3}{2\varepsilon} q_\varepsilon^{2}(t)\,\Phi(t)\,dt = \lim_{\varepsilon \to 0} \int_{-\varepsilon}^{0} \frac{3}{2\varepsilon}\left(1+\frac{t}{\varepsilon}\right)^{2}\Phi(t)\,dt =$$

$$= \frac{3}{2}\left[\lim_{\varepsilon \to 0}\left(\frac{1}{\varepsilon}\int_{-\varepsilon}^{0}\Phi(t)\,dt + \frac{2}{\varepsilon^{2}}\int_{-\varepsilon}^{0} t\,\Phi(t)\,dt + \frac{1}{\varepsilon^{3}}\int_{-\varepsilon}^{0} t^{2}\,\Phi(t)\,dt\right)\right]$$

$$= \frac{3}{2}\left[\Phi(0) - \Phi(0) + \frac{1}{3}\Phi(0)\right] = \frac{1}{2}\Phi(0)$$

(M-Gl. 289)

Also folgt aus (M-Gl. 285) und (M-Gl. 289):

$$\lim_{\varepsilon \to 0}\int_{-\infty}^{\infty}\frac{3}{2\varepsilon}q_\varepsilon^{2}(t)\,\Phi(t) = \Phi(0) \Rightarrow \lim_{\varepsilon \to 0} s_\varepsilon(t) = \delta(t).$$

(M-Gl. 290)

q.e.d.

Multipliziert man die allgemeine Koinzidenzfunktion

$$\kappa_\varepsilon(s) := \int_{\alpha}^{\beta}\Gamma_\varepsilon^{2}(s,\tau)\,d\tau \ \text{ bzw. } \ \kappa_\varepsilon(a) := \int_{\alpha}^{\beta}A_\varepsilon^{2}(s;\tau)\,d\tau$$

mit dem Faktor $\dfrac{3\varepsilon}{2}$, so erhält man die allgemeinen Koinzidenzfunktionen $K_\varepsilon(s)$:

1. im endlichen Fall:

$$K_\varepsilon(s) := \frac{3\varepsilon}{2}\kappa_\varepsilon(s) = \int_{\alpha}^{\beta}\frac{3\varepsilon}{2}\Gamma_\varepsilon^{2}(s;\tau)\,d\tau ;$$

(M-Gl. 291)

für $-\alpha = \beta = \infty$ ist also

$$K_\varepsilon(s) := \frac{3\varepsilon}{2} \kappa_\varepsilon(s) = \int_{-\infty}^{\infty} \frac{3\varepsilon}{2} \Gamma_\varepsilon^2(s;\tau)d\tau \, ;$$

(M-Gl. 292)

2. im unendlichen Fall als durchschnittliches Koinzidenzmaß:

$$K_\varepsilon(s) := \lim_{T \to \infty} \frac{1}{2T} \int_{-T}^{T} \frac{3\varepsilon}{2} A_\varepsilon^2(s;\tau)d\tau \, .$$

(M-Gl. 293)

Für ein rationales Schwingungsverhältnis

$$s = \frac{p}{q}$$

berechnet man zur Funktion $\tilde{A}_\varepsilon^2(\tau)$ (vgl. (M-Gl. 271)) als Koinzidenzmaß das Integral:

$$K_\varepsilon\left(\frac{p}{q}\right) = \frac{3\varepsilon}{2} \int_{-\infty}^{\infty} \tilde{A}^2(\tau)d\tau \, .$$

(M-Gl. 294)

Da $\varepsilon \to 0$ gehen soll, kann angenommen werden, dass $2\varepsilon < T_k$ ist. Daher wird mit obiger Überlegung:

$$\tilde{A}_\varepsilon^2(\tau) = \frac{1}{T_0^2} \sum_{n=1}^{p} p^2 \Delta_\varepsilon^2(\tau - nqT_k) + \frac{1}{T_0^2} \sum_{n=1}^{q} q^2 \Delta_\varepsilon^2(\tau - npT_k) + \frac{1}{T_0^2} \sum_{n=1}^{p \cdot q} 2^2 \Delta_\varepsilon(\tau - nT_k)$$

$$+ 2 \cdot \frac{1}{T_0^2} pq \Delta_\varepsilon(\tau - pqT_k) + 2\frac{1}{T_0^2} \sum_{n=1}^{p} p \, 2\Delta_\varepsilon(\tau - nqT_k) + 2\frac{1}{T_0^2} \sum_{n=1}^{q} q \, 2\Delta_\varepsilon(\tau - npT_k)$$

(M-Gl. 295)

Da $\int\limits_{-\infty}^{\infty} s_\varepsilon(t)\,dt = \int\limits_{-\infty}^{\infty} \frac{3\varepsilon}{2}\,\Delta_\varepsilon^2(t)\,dt = 1$ (vgl. (M-Gl. 280)), liefert die unter 3.9.7 ausge-

führte Berechnung:

$$K_\varepsilon\!\left(\frac{p}{q}\right) = \frac{3\varepsilon}{2}\int\limits_{-\infty}^{\infty} \tilde{A}_\varepsilon^2(\tau)\,d\tau = \frac{1}{T_0^2}\left(p^3 + q^3 + 6pq + 4p^2 + 4q^2\right).$$

(M-Gl. 296)

Das ist aber dasselbe Koinzidenzmaß, wie das statistische Koinzidenzmaß der Gleichung (M-Gl. 49) und das für δ-Impulsfolgen berechnete Koinzidenzmaß (M-Gl. 275) (vgl. (M-Gl. 276)):

$$\kappa_\delta\!\left(\frac{p}{q}\right) = \kappa\!\left(\frac{p}{q}\right) = K_\varepsilon\!\left(\frac{p}{q}\right).$$

(M-Gl. 297)

3.7.3.3. Hörrelevante Koinzidenzfunktion - Anwendung des Modells

Die hörbaren Töne umfassen einen Frequenzbereich von ca. 20 Hz bis 20000 Hz. Das entspricht Periodenlängen von $\tau = 50\,\text{ms}$ bis $\tau = 0{,}5\,\text{ms}$. Um die Koinzidenz für den gesamten Hörbereich zu berechnen, genügt es, Periodenlängen $\tau \le 50\,\text{ms}$ zu betrachten. In (M-Gl. 291) wählt man daher die Integrationsgrenzen $\alpha = 0$ und $\beta = 50$.

Es genügt auch, eine begrenzte Anzahl von Impulsen beider Impulsfolgen zu wählen, um die Koinzidenz zu ermitteln. Bei einem Ton von etwa 100 Hz, der eine Periodenlänge 10 ms hat, genügt es $N = 6$ Impulse zu wählen, da höchsten 6 Impulse in ein Zeitfenster von 50 ms passen. Daher bildet man das zu prüfende Intervall aus zwei Impulsfolgen mit N Impulsen, wobei

$$N \ge \left\|\frac{50}{T_1}\right\|$$

und T_1 die Periode des höheren Tones ist ($\|\;\|$ bezeichne die Gauß – Klammer).

Ist das Schwingungsverhältnis

$$s = \frac{p}{q} = \frac{T_1}{T_2}$$

rational, so koinzidiert die q- te Periode der Folge $x_1(t)$ mit der p- ten Periode der Folge $x_2(t)$, und es ist $T_0 = qT_1 = pT_2$ Periode des Intervalls (vgl. 3.1.1.3). Also genügt es für eine endliche Folge zunächst $N = p$ und $M = q$ zu setzen, um die Koinzidenz im Zeitintervall T_0 zu berechnen. Daraus kann man wegen der Periodizität das Koinzidenzmaß für beliebige Zeitintervalle bestimmen.

Die Ungenauigkeit der neuronalen Koinzidenzanalyse wird durch Rechteckimpulse mit einer kleinen Breite ε als Zeitfenster (oder einer anderen Wahrscheinlichkeitsdihtefunktion als Impulsform) berücksichtigt. Im Fall von Rechteckimpulsfolgen bildet man z. B. für jedes Schwingungsverhältnis s die Autokorrelationsfunktion, indem man $T_1 = 10\,\text{ms}$ - entsprechend 100 Hz – annimmt und daraus $N = M = 6$ als ausreichend ermittelt:

$$\Gamma_\varepsilon(s;\tau) = \sum_{n=-2N}^{2N} (2N + 1 - |n|)\,\Delta_\varepsilon(\tau - nT_1) + \sum_{m=-2M}^{2M} (2M + 1 - |m|)\,\Delta_\varepsilon(\tau - s^{-1}mT_1) +$$

$$+ 2\sum_{n=-N}^{N}\sum_{m=-M}^{M}\Delta_\varepsilon(\tau - (n - s^{-1}m)T_1)$$

$$= \sum_{n=-12}^{12} (13 - |n|)\,\Delta_\varepsilon(\tau - n10) + \sum_{m=-12}^{12} (13 - |m|)\,\Delta_\varepsilon(\tau - s^{-1}m10)$$

$$+ 2\sum_{n=-6}^{6}\sum_{m=-6}^{6}\Delta_\varepsilon(\tau - (n - s^{-1}m)10)$$

(M-Gl. 298)

Die die zugehörige allgemeine Koinzidenzfunktion für den gesamten Hörbereich ist dann nach (M-Gl. 278):

$$\kappa(s) := \int_0^{50} \Gamma_\varepsilon^2(s;\tau)d\tau$$

(M-Gl. 299)

Mit dieser Gleichung sind die Kurven der Abb. 33 und Abb. 35 per Computer berechnet worden.

3.8. Hüllkurve und Periodizitätsanalyse
3.8.1. Hüllkurve und Analytisches Signal

Zu einem beliebiges Signal,

$$x(t) = \sum_{n=1}^{N} c_n \cos(\omega_n t + \phi_n)$$

ist die Hüllkurve $E(t)$ gleich dem Absolutbetrag des zugehörigen analytischen Signals $\tilde{x}$. Das analytische Signal ist definiert als:

$$\tilde{x}(t) := \sum_{n=1}^{N} c_n e^{i(\omega_n t + \phi_n)},$$

(M-Gl. 300)

und die Hüllkurve von $x(t)$ ist (vgl. Hartmann [4]2000 S. 416):

$$E(t) = |\tilde{x}(t)| = \left| \sum_{n=1}^{N} C_n e^{i(\omega_n t + \phi_n)} \right|.$$

(M-Gl. 301)

Daraus erhält man die Gleichung für das Hüllkurvenquadrat:

$$E^2(t) = \sum_{n=1}^{N} C_n e^{i(\omega_n t + \phi_n)} \sum_{m=1}^{N} C_m e^{i(\omega_m t + \phi_m)} = \sum_{n=1}^{N} \sum_{m=1}^{N} C_n C_m e^{i(\phi_n + \phi_m)} e^{i(\omega_n - \omega_m)}$$

(M-Gl. 302)

Die Hüllkurve $E(t)$ unterscheidet sich von $E^2(t)$ nur durch die Wurzelbildung, die die Amplitude, aber nicht die enthaltenen Frequenzen und die Periodizität betrifft. Also liefert die Autokorrelationsfunktion von $E^2(t)$ prinzipiell dieselben Informationen über die Frequenzen und die Periodizität, wie $E(t)$.

Die Gleichung zeigt, dass die als Betrag des Analytischen Signals $\tilde{x}$ definierte Hüllkurve eine Summe von Schwingungen ist. Die einzelnen Summanden haben als Frequenz die Frequenzdifferenzen $\omega_n - \omega_m$ aus Frequenzen zweier

Schwingungskomponenten von $x(t)$. Jede der möglichen Frequenzdifferenzen ist in $E^2(t)$ enthalten.

3.8.2. Unabhängigkeit der Hüllkurve von der Trägerfrequenz:

Ist ϖ eine beliebige Frequenz. Für alle ω_n im analytischen Signal

$$\tilde{x}(t) := \sum_{n=1}^{N} c_n e^{i(\omega_n t + \phi_n)}$$

kann die Differenz $\delta_n := \omega_n - \varpi$ gebildet werden. Dann ist:

$$\tilde{x}(t) = \sum_{n=1}^{N} c_n e^{i(\omega_n t + \phi_n)} = \sum_{n=1}^{N} c_n e^{i((\omega_n - \varpi)t + \phi_n)} e^{i\varpi t} = e^{i\varpi t} \sum_{n=1}^{N} c_n e^{i(\delta_n t + \phi_n)}.$$

(M-Gl. 303)

Daraus folgt für die Hüllkurve:

$$E(t) = |\tilde{x}(t)| = \left| \sum_{n=1}^{N} c_n e^{i(\omega_n t + \phi_n)} \right| = \left| e^{i\varpi t} \sum_{n=1}^{N} c_n e^{i(\delta_n t + \phi_n)} \right| = \left| e^{i\varpi t} \right| \left| \sum_{n=1}^{N} c_n e^{i(\delta_n t + \phi_n)} \right|$$

$$= \left| \sum_{n=1}^{N} c_n e^{i(\delta_n t + \phi_n)} \right|$$

(M-Gl. 304)

Also haben

$$\tilde{x}(t): \sum_{n=1}^{N} c_n e^{i(\omega_n t + \phi_n)} \quad \text{und} \quad \tilde{x}_\delta(t) := \sum_{n=1}^{N} c_n e^{i(\delta_n t + \phi_n)}$$

dieselbe Hüllkurve. Ebenso lässt sich auch eine andere, beliebige Frequenz als neue „Trägerfrequenz" zum analytischen Signal hinzufügen; die Hüllkurve ändert sich dadurch nicht. Also ist die Hüllkurve unabhängig von der Trägerfrequenz („frequency shift rule"):

„The frequency shift rule: 'The envelope is unchanged by any rigid translation of the spectrum along the frequency axis.' In other words, a constant frequency can be added to all the values of δ_n. In particular, we can add back the characteristic frequency $\overline{\omega}$. To be quite clear on this matter, we take a few lines to do it.

First we know, that $\left| e^{i\overline{\omega}t} \right| = 1$. Next, because the product of absolute values is equal to the absolute value of the product, we can write ...

$$E(t) = \left| e^{i\overline{\omega}t} \sum_{n=1}^{N} C_n e^{i(\delta_n t + \phi_n)} \right| \quad ...$$

and therefore, from the definition ...

$$E(t) = \left| \sum_{n=1}^{N} C_n e^{i(\delta_n t + \phi_n)} \right| \quad ... \text{``}$$

(Hartmann [4]2000 S. 415)

3.8.3. Pitch-shift und Hüllkurvengleichung

Ist $x(t)$ aus harmonischen Teiltönen aufgebaut, dann ist das analytische Signal:

$$\tilde{x}(t) = \sum_{n=1}^{N} C_n e^{i(n\omega_0 t + \phi_n)} .$$

(M-Gl. 305)

Es folgt für das Quadrat der Hüllkurve durch Umformung:

$$E^2(t) = \left| \tilde{x}(t) \right| = x(t)\,\bar{x}(t)$$

$$= \sum_{n=1}^{N} C_n\, e^{i(n\omega_0 t + \phi_n)} \sum_{m=1}^{N} C_m\, e^{-i(m\omega_0 t + \phi_m)} =$$

$$= \sum_{n=1}^{N} \sum_{m=1}^{N} C_n\, C_m\, e^{i((n-m)\omega_0 t + \phi_n - \phi_m)} =$$

218

$$= \sum_{n=1}^{N} \sum_{m=1}^{N} C_n \, C_m \; e^{i\,(\phi_n - \phi_m)} e^{i(n-m)\,\omega_0\, t}$$

$$= \sum_{n=1}^{N} C_n{}^2 + 2 \sum_{n=1}^{N-1} \sum_{m=1}^{N-n} C_{n+m} \, C_m \; \cos(\phi_{n+m} - \phi_m) \cos(n\,\omega_0\, t)$$

(M-Gl. 306)

Für das Hüllkurvenquadrat erhält man also die Gleichung

$$E^2(t) = \sum_{n=1}^{N} C_n{}^2 + 2 \sum_{n=1}^{N-1} D_n \; \cos(n\,\omega_0\, t)$$

$$\text{mit} \quad D_n = \sum_{m=1}^{N-n} C_{n+m} \, C_m \; \cos(\phi_{n+m} - \phi_m)$$

(M-Gl. 307)

Nach (M-Gl. 110) erhält man als Autokorrelationsfunktion des Hüllkurven-quadrates:

$$a_{E^2}(\tau) = \left(\sum_{n=1}^{N} C_n{}^2 \right)^2 + \sum_{n=1}^{N-1} D_n^2 \cos(n\omega_0\tau)$$

(M-Gl. 308)

die dieselben Perioden anzeigt, wie die Autokorrelationsfunktion von $x(t)$, die ebenfalls nach (M-Gl. 110) gebildet werden kann:

$$a(\tau) = \frac{1}{2} \sum_{n=1}^{N} C_n^2 \cos(n\,\omega_0\,\tau).$$

(M-Gl. 309)

Die Autokorrelationsfunktion zeigt im Fall eines harmonischen Klanges mit $k = 1$ die Periode des Grundtones F_0 von $x(t)$ an. Diese Periode ist auch die Differenz benachbarter Teiltöne von $x(t)$ und ist daher Periode der Hüllkurve.

Wird zu jedem harmonischen Teilton von $x(t)$ ein fester Frequenzwert ω_d addiert, erhält man die Funktion:

$$x_d(t) = \sum_{n=1}^{N} C_n \, e^{i \cdot ((n \cdot \omega_0 + \omega_d) \cdot t + \phi_n)}.$$

(M-Gl. 310)

Ihre Autokorrelationsfunktion ist dann nach (M-Gl. 110):

$$a(\tau) = \frac{1}{2} \sum_{n=1}^{N} C_n^2 \cos((n \omega_0 + \omega_d)\tau)$$

(M-Gl. 311)

und zeigt die neuen Perioden an. Die Hüllkurve $E_d(t)$ von $x_d(t)$ demgegenüber ist gleich der Hüllkurve $E(t)$ von $x(t)$ und hat daher dieselben Perioden, wie $E(t)$, denn das Quadrat der Hüllkurve von $x_d(t)$ ist gleich dem Quadrat der Hüllkurve von $x(t)$ von (M-Gl. 306), wie die Umformung zeigt:

$$E_d^{\,2}(t) = \left| \tilde{x}_d(t) \right| = x_d(t)\, \bar{x}_d(t)$$

$$= \sum_{n=1}^{N} C_n \, e^{i \cdot ((n \cdot \omega_0 + \omega_d) \cdot t + \phi_n)} \sum_{m=1}^{N} C_m \, e^{-i \cdot ((n \cdot \omega_0 + \omega_d) \cdot t + \phi_m)}$$

$$= \sum_{n=1}^{N} \sum_{m=1}^{N} C_n \, C_m \, e^{i((n \omega_0 + \omega_d - m\omega_0 - \omega_d)t + \phi_n - \phi_m)}$$

$$= \sum_{n=1}^{N} \sum_{m=1}^{N} C_n \, C_m \, e^{i(\phi_n - \phi_m)} e^{i(n-m)\omega_0 t} = E^2(t)$$

(M-Gl. 312)

Der Vergleich der Autokorrelationsfunktion des Hüllkurvenquadrates von $E(t) = E_d(t)$ in (M-Gl. 308) mit der Autokorrelationsfunktion von $x_d(t)$ in (M-Gl. 311) zeigt, dass die Autokorrelationsfunktion einem „pitch-shift" Rechnung trägt. Auf die Hüllkurve jedoch hat der „pitch-shift" keine Auswirkung.

Da der „pitch-shift" – Effekte hörbar wird als eine Erhöhung des Tones (vgl. Zwicker/ Fastl 1999 S.121, Yost 2000 S. 199), kann angenommen werden, dass eine neuronale Periodizitätsanalyse des Signals durch einen Autokorrelationsmechanismus für die Empfindung der Tonhöhe verantwortlich ist, nicht aber eine Hüllkurvenabtastung alleine (vgl. 2.6).

3.9. Hilfssätze

3.9.1. Absolutes Maximum der Autokorrelationsfunktion

Für eine Funktion mit endlicher Energie hat die Autokorrelationsfunktion ein Absolutes Maximum an der Stelle $\tau = 0$:
Für alle τ gilt:

$$|R(\tau)| \le R(0).$$

(M-Gl. 313)

Bew.:

1. Für die durchschnittliche Energie „average power" $\overline{f^2}(t)$ gilt:

$$\infty > \overline{f^2}(t) = \lim_{T \to \infty} \frac{1}{2T} \int_{-T}^{T} |f(t)|^2 dt = \lim_{T \to \infty} \frac{1}{2T} \int_{-T-A}^{T-A} |f(t)|^2 dt = \lim_{T \to \infty} \frac{1}{2T} \int_{-T}^{T} |f(t+A)|^2 dt$$

Benutzt man die Schwarzsche Ungleichung (s. u.):

$$\left| \int_{a}^{b} g_1(t) g_2(t) dt \right|^2 \le \int_{a}^{b} |g_1(t)|^2 dt \int_{a}^{b} |g_2(t)|^2 dt$$

(M-Gl. 314

so folgt:

$$\frac{1}{2T} \int_{-T}^{T} f^2(t) dt \frac{1}{2T} \int_{-T}^{T} f^2(t+\tau) dt \ge \left| \frac{1}{2T} \int_{-T}^{T} f(t) f(t+\tau) dt \right|^2$$

$$\Rightarrow \lim_{T \to \infty} \left(\frac{1}{2T} \int_{-T}^{T} f^2(t) dt \frac{1}{2T} \int_{-T}^{T} f^2(t+\tau) dt \right) \ge \lim_{T \to \infty} \left| \frac{1}{2T} \int_{-T}^{T} f(t) f(t+\tau) dt \right|^2$$

$$\Leftrightarrow (R(0))^2 \ge |R(\tau)|^2$$

$$\Leftrightarrow R(0) \geq R(\tau)$$

setze: $\lim\limits_{T \to \infty} \left(\dfrac{1}{2T} \int\limits_{-T}^{T} f^2(t)dt \right) = R(0) = \lim\limits_{T \to \infty} \left(\dfrac{1}{2T} \int\limits_{-T}^{T} f^2(t+\tau)dt \right)$, sowie

$$\lim\limits_{T \to \infty} \left(\dfrac{1}{2T} \int\limits_{-T}^{T} f(t)f(t+\tau)dt \right) = R(\tau)$$

2. Schwarzsche Ungleichung

$$\left| \int\limits_{a}^{b} g_1 g_2 dt \right|^2 \leq \int\limits_{a}^{b} |g_1|^2 dt \int\limits_{a}^{b} |g_2|^2 dt .$$

$$(\text{M-Gl. 315})$$

Bew.:

(1)　Ist $x^2 + px + q \geq 0$ für alle x, so ist die Diskriminante $\left(\dfrac{p}{2} \right)^2 - q \leq 0$.

Bew.:

$$x^2 + px + q \geq 0$$

$$\Leftrightarrow x^2 + px + \left(\dfrac{p}{2} \right)^2 - \left(\dfrac{p}{2} \right)^2 + q \geq 0$$

$$\Leftrightarrow \left(x + \dfrac{p}{2} \right)^2 \geq \left(\dfrac{p}{2} \right)^2 - q \quad \text{für alle x.}$$

Setze $x = \dfrac{-p}{2}$, so: $0 \geq \left(\dfrac{p}{2} \right)^2 - q$.

(2)　für den reellen Fall:

$$0 \leq \int\limits_{a}^{b} [xg_1(t) - g_2(t)]^2 dt = x^2 \int\limits_{a}^{b} g_1^2(t)dt - x2 \int\limits_{a}^{b} g_1(t)g_2(t)dt + \int\limits_{a}^{b} g_2^2(t)dt$$

$$= Ax^2 - Bx + C$$

$$\Leftrightarrow 0 \le x^2 + \frac{(-B)}{A}x + \frac{C}{A}$$

$$\Rightarrow \left(\frac{B}{2A}\right)^2 - \frac{C}{A} \le 0 \quad \text{siehe (1)}$$

$$\Leftrightarrow \left(\frac{B}{2}\right)^2 \le CA \Leftrightarrow \left(\int_a^b g_1 g_2 dt\right)^2 \le \int_a^b g_1^2 dt \int_a^b g_2^2 dt$$

3.9.2. Hilfssatz über Summen von Differenzen

Für alle natürliche Zahlen N gilt:

$$\sum_{n=-N}^{N} \sum_{m=-N}^{N} (n-m) = \sum_{n=-2N}^{2N} (2N+1-|n|)n .$$

$$(\text{M-Gl. 316})$$

Beweis:
I.A. $N=0$ trivial,
für $N=1$ gilt:

$$\sum_{n=-1}^{1}\sum_{n=-1}^{1}(n-m) = (-1-(-1))+(0-(-1))+(1-(-1))$$

$$+(-1-0)+(0-0)+(1-0)$$

$$+(-1-1)+(0-1)+(1-1)$$

$$= 0+1+2$$

$$+(-1)+0+1$$

$$+(-2)+(-1)+0 =$$

$$= 1\cdot(-2)+2\cdot(-1)+3\cdot 0 + 2\cdot 1 + 1\cdot 2$$

$$= (2\cdot 1+1-|-2|)\cdot(-2)+(2\cdot 1+1-|-1|)\cdot(-1)$$

$$+(2\cdot 1+1-|0|)\cdot 0+(2\cdot 1+1-|1|)\cdot 1+(2\cdot 1+1-|2|)\cdot 2$$

$$= \sum_{n=-2\cdot 1}^{2\cdot 1} (2N+1-|n|)\cdot n$$

I.S.

$$\sum_{n=-(N+1)}^{(N+1)} \sum_{m=-(N+1)}^{(N+1)} (n-m) = \sum_{n=-N}^{N} \sum_{m=-N}^{N} (n-m) + \sum_{m=-(N+1)}^{(N+1)} (-(N+1)-m) + \sum_{m=-(N+1)}^{(N+1)} ((N+1)-m) =$$

$$= \sum_{n=-2N}^{2N} (2N+1-|n|) \cdot n + \sum_{n=-2(N+1)}^{0} n + \sum_{n=0}^{2(N+1)} n$$

$$= \sum_{n=-2N}^{2N} (2N+2-|n|) \cdot n + 1 \cdot (-2(N+1)) + 1 \cdot 2(N+1)$$

$$= \sum_{n=-2N}^{2N} (2N+2-|n|) \cdot n + (2N+2-|-2(N+1)|) \cdot (-2(N+1)) + (2N+2-|2(N+1)|) \cdot 2(N+1)$$

$$= \sum_{n=-2(N+1)}^{2(N+1)} (2(N+1)-|n|) \cdot n$$

q.e.d.

3.9.3. Beweis von (M-Gl. 248)

$$\lim_{k \to \infty} \frac{1}{2kT_0} \Gamma(\tau) = \lim_{k \to \infty} \frac{1}{2kT_0} \sum_{n=-2N}^{2N} (2N+1-|n|) \, \alpha(\tau - nT_1)$$

$$+ \lim_{k \to \infty} \frac{1}{2kT_0} \sum_{m=-2M}^{2M} (2M+1-|m|) \alpha(\tau - s^{-1} m T_1)$$

$$+ 2 \lim_{k \to \infty} \frac{1}{2kT_0} \sum_{n=-N}^{N} \sum_{m=-M}^{M} \alpha(\tau - (n - s^{-1} m) T_1)$$

$$= \lim_{k \to \infty} \frac{1}{2kT_0} \sum_{n=-2kq}^{2kq} \left(2N + 1 - |n|\right) \alpha(\tau - n\, p T_k)$$

$$+ \lim_{k \to \infty} \frac{1}{2kT_0} \sum_{m=-2kp}^{2kp} \left(2M + 1 - |m|\right) \alpha(\tau - \frac{q}{p} m\, p T_k)$$

$$+ 2 \lim_{k \to \infty} \frac{1}{2kT_0} \sum_{n=-kp}^{kp} \sum_{m=-kq}^{kq} \alpha(\tau - (n - \frac{q}{p} m)\, p T_k)$$

$$= \frac{1}{T_0} \left[\sum_{n=-\infty}^{\infty} q\, \alpha(\tau - n\, p T_k) + \sum_{n=-\infty}^{\infty} p\, \alpha(\tau - nq T_k) + 2 \sum_{n=-\infty}^{\infty} \alpha(\tau - n T_k) \right]$$

$$= A(\tau)$$

(M-Gl. 317)

3.9.4. Beweis von (M-Gl. 257)

$$\lim_{\varepsilon \to 0} A_\varepsilon(\tau) = \lim_{\varepsilon \to 0} \frac{1}{T_0} \left[\sum_{n=-\infty}^{\infty} q\, \varDelta_\varepsilon(\tau - np T_k) + \sum_{n=-\infty}^{\infty} p\, \varDelta_\varepsilon(\tau - nq T_k) + 2 \sum_{n=-\infty}^{\infty} \varDelta_\varepsilon(\tau - n T_k) \right]$$

$$= \frac{1}{T_0} \left[\sum_{n=-\infty}^{\infty} \lim_{\varepsilon \to 0} \left(q\, \varDelta_\varepsilon(\tau - np T_k)\right) + \sum_{n=-\infty}^{\infty} \lim_{\varepsilon \to 0} \left(p\, \varDelta_\varepsilon(\tau - nq T_k)\right) + 2 \sum_{n=-\infty}^{\infty} \lim_{\varepsilon \to 0} \left(\varDelta_\varepsilon(\tau - n T_k)\right) \right]$$

$$= \frac{1}{T_0} \left[\sum_{n=-\infty}^{\infty} q\, \delta(\tau - np T_k) + \sum_{n=-\infty}^{\infty} p\, \delta(\tau - nq T_k) + 2 \sum_{n=-\infty}^{\infty} \delta(\tau - n T_k) \right]$$

$$= A_\delta(\tau)$$

(M-Gl. 318)

3.9.5. Berechnung der Faltung aus (M-Gl. 264)

$$\tilde{R}_\varepsilon(t) = \tilde{A}_\varepsilon(t) * \tilde{A}_\varepsilon(-t)$$

$$= \frac{1}{T_0{}^2} \sum_{n=1}^{p} \sum_{m=1}^{p} p^2 \int_{-\infty}^{\infty} \alpha_\varepsilon(\tau - nqT_k)\, \alpha_\varepsilon(\tau - t - mqT_k)\, d\tau$$

$$+ \frac{1}{T_0{}^2} \sum_{n=1}^{q} \sum_{m=1}^{q} q^2 \int_{-\infty}^{\infty} \alpha_\varepsilon(\tau - npT_k)\, \alpha_\varepsilon(\tau - t - mpT_k)\, d\tau$$

$$+ \frac{1}{T_0{}^2} \sum_{n=1}^{pq} \sum_{m=1}^{pq} 2^2 \int_{-\infty}^{\infty} \alpha_\varepsilon(\tau - nT_k)\, \alpha_\varepsilon(\tau - t - mT_k)\, d\tau$$

$$+ 2\frac{1}{T_0{}^2} \sum_{n=1}^{p} \sum_{m=1}^{q} p\, q \int_{-\infty}^{\infty} \alpha_\varepsilon(\tau - nqT_k)\, \alpha_\varepsilon(\tau - t - mpT_k)\, d\tau$$

$$+ 2\frac{1}{T_0{}^2} \sum_{n=1}^{p} \sum_{m=1}^{pq} p\, 2 \int_{-\infty}^{\infty} \alpha_\varepsilon(\tau - nqT_k)\, \alpha_\varepsilon(\tau - t - mT_k)\, d\tau$$

$$+ 2\frac{1}{T_0{}^2} \sum_{n=1}^{q} \sum_{m=1}^{pq} q\, 2 \int_{-\infty}^{\infty} \alpha_\varepsilon(\tau - npT_k)\, \alpha_\varepsilon(\tau - t - mT_k)\, d\tau$$

$$(M\text{-Gl. } 319)$$

3.9.6. Berechnung der Faltung aus (M-Gl. 273)

$$\tilde{R}_\delta(t) = \tilde{A}_\delta(t) * \tilde{A}_\delta(-t)$$

$$= \frac{1}{T_0^2} \sum_{n=1}^{p} \sum_{m=1}^{p} p^2 \int_{-\infty}^{\infty} \delta(\tau - nqT_k)\,\delta(\tau - t - mqT_k)\,d\tau$$

$$+ \frac{1}{T_0^2} \sum_{n=1}^{q} \sum_{m=1}^{q} q^2 \int_{-\infty}^{\infty} \delta(\tau - npT_k)\,\delta(\tau - t - mpT_k)\,d$$

$$+ \frac{1}{T_0^2} \sum_{n=1}^{pq} \sum_{m=1}^{pq} 2^2 \int_{-\infty}^{\infty} \delta(\tau - nT_k)\,\delta(\tau - t - mT_k)\,d\tau$$

$$+ 2\frac{1}{T_0^2} \sum_{n=1}^{p} \sum_{m=1}^{q} p\,q \int_{-\infty}^{\infty} \delta(\tau - nqT_k)\,\delta(\tau - t - mpT_k)\,d\tau$$

$$+ 2\frac{1}{T_0^2} \sum_{n=1}^{p} \sum_{m=1}^{pq} p\,2 \int_{-\infty}^{\infty} \delta(\tau - nqT_k)\,\delta(\tau - t - mT_k)\,d\tau$$

$$+ 2\frac{1}{T_0^2} \sum_{n=1}^{q} \sum_{m=1}^{pq} q\,2 \int_{-\infty}^{\infty} \delta(\tau - npT_k)\,\delta(\tau - t - mT_k)\,d\tau$$

$$= \frac{1}{T_0^2} \sum_{n=1}^{p} \sum_{m=1}^{p} p^2 \delta(t - (n-m)qT_k)) + \frac{1}{T_0^2} \sum_{n=1}^{q} \sum_{m=1}^{q} q^2\,\delta(t - (n-m)pT_k))$$

$$+ \frac{1}{T_0^2} \sum_{n=1}^{pq} \sum_{m=1}^{pq} 2^2 \delta(t - (n-m)T_k)) + 2\frac{1}{T_0^2} \sum_{n=1}^{p} \sum_{m=1}^{q} pq\,\delta(t - (nq-mp)T_k))$$

$$+ 2\frac{1}{T_0^2} \sum_{n=1}^{p} \sum_{m=1}^{pq} p\,2\delta(t - (nq-m)T_k)) + 2\frac{1}{T_0^2} \sum_{n=1}^{q} \sum_{m=1}^{pq} q\,2\delta(t - (np-mp)T_k))$$

(M-Gl. 320)

3.9.7. Berechnung des Koinzidenzmaßes nach (M-Gl. 296)

$$K_\varepsilon\left(\frac{p}{q}\right) = \frac{3\varepsilon}{2} \int\limits_{-\infty}^{\infty} \tilde{A}_\varepsilon^2(\tau)\,d\tau$$

$$= \frac{1}{T_0^2}\sum_{n=1}^{p} p^2 \frac{3\varepsilon}{2}\int\limits_{-\infty}^{\infty} \Delta_\varepsilon^2(\tau - nqT_k)\,d\tau + \frac{1}{T_0^2}\sum_{n=1}^{q} q^2 \frac{3\varepsilon}{2}\int\limits_{-\infty}^{\infty} \Delta_\varepsilon^2(\tau - npT_k)\,d\tau$$

$$+ \frac{1}{T_0^2}\sum_{n=1}^{p\cdot q} 2^2 \frac{3\varepsilon}{2}\int\limits_{-\infty}^{\infty} \Delta_\varepsilon^2(\tau - nT_k)\,d\tau + 2\frac{1}{T_0^2}pq\frac{3\varepsilon}{2}\int\limits_{-\infty}^{\infty} \Delta_\varepsilon^2(\tau - pqT_k)\,d\tau$$

$$+ 2\frac{1}{T_0^2}\sum_{n=1}^{p} p2\frac{3\varepsilon}{2}\int\limits_{-\infty}^{\infty} \Delta_\varepsilon^2(\tau - nqT_k)\,d\tau + 2\frac{1}{T_0^2}\sum_{n=1}^{q} q2\frac{3\varepsilon}{2}\int\limits_{-\infty}^{\infty} \Delta_\varepsilon^2(\tau - npT_k)\,d\tau$$

$$= \frac{1}{T_0^2}\sum_{n=1}^{p} p^2 \int\limits_{-\infty}^{\infty} s_\varepsilon(\tau - nqT_k)\,d\tau + \frac{1}{T_0^2}\sum_{n=1}^{q} q^2 \int\limits_{-\infty}^{\infty} s_\varepsilon(\tau - npT_k)\,d\tau$$

$$+ \frac{1}{T_0^2}\sum_{n=1}^{p\cdot q} 2^2 \int\limits_{-\infty}^{\infty} s_\varepsilon(\tau - nT_k)\,d\tau + 2\frac{1}{T_0^2}pq\int\limits_{-\infty}^{\infty} s_\varepsilon(\tau - pqT_k)\,d\tau$$

$$+ 2\frac{1}{T_0^2}\sum_{n=1}^{p} p2\int\limits_{-\infty}^{\infty} s_\varepsilon(\tau - nqT_k)\,d\tau + 2\frac{1}{T_0^2}\sum_{n=1}^{q} q2\int\limits_{-\infty}^{\infty} s_\varepsilon(\tau - npT_k)\,d\tau$$

$$= \frac{1}{T_0^2}\sum_{n=1}^{p} p^2 + \frac{1}{T_0^2}\sum_{n=1}^{q} q^2 + \frac{1}{T_0^2}\sum_{n=1}^{p\cdot q} 2^2$$

$$+ 2\frac{1}{T_0^2}pq + 2\frac{1}{T_0^2}\sum_{n=1}^{p} p2 + 2\frac{1}{T_0^2}\sum_{n=1}^{q} 2q$$

$$= \frac{1}{T_0^2}\cdot\left(p^3 + q^3 + 6\cdot p\cdot q + 4\cdot p^2 + 4\cdot q^2\right)$$

$$(\text{M-Gl. 321})$$

4. Zusammenfassung

Von den verschiedenen Ansätzen, das Phänomen von Konsonanz und Dissonanz zu erklären, erhält das Konzept der Koinzidenz durch die Erkenntnisse über die neuronale Verarbeitung von Schall eine neue Rechtfertigung. Tonhöhen werden als periodische Impulsfolgen neuronal codiert. Da Intervalle aus zwei Tönen gebildet werden, wird ein Intervall neuronal durch zwei Impulsfolgen, die simultan laufen, repräsentiert. Stehen die beiden Primärtöne im ganzzahligen Schwingungsverhältnis

$$s = \frac{f_2}{f_1} = \frac{T_1}{T_{21}} = \frac{p}{q}$$

(f_i Frequenz und $T_i = f_i^{-1}$ die zugehörige Periode, p und q teilerfremd), so hat die erste Impulsfolge p Impulse in demselben Zeitraum, in dem die zweite Impulsfolge q Impulse hat. Jeder p- te Impuls der ersten Impulsfolge koinzidiert mit jedem q- ten Impuls der zweiten Impulsfolge. Die übrigen Impulse haben verschieden große Abstände zueinander. Ein solcher Abstand wird ISI: „interspike interval" genannt. Diese Abstände können neuronal durch Koinzidenzmechanismen abgetastet werden, um den neuronalen Code zu entschlüsseln.

Auf innerer Oszillation und Verzögerung beruht ein von Langner/ Schreiner (1988) entdeckter Koinzidenzmechanismus von Neuronengruppen im *Colliculus Inferior*, der eine zeitliche neuronale Periodizitätsanalyse darstellt und Grundlage der Tonhöhenempfindung ist. Diese neuronale Korrelationsanalyse beruht auf den Prinzipien von Verzögerung und Koinzidenzprüfung und entspricht mathematisch einer Autokorrelationsfunktion. Neuronale Autokorrelation wird mittlerweile als entscheidend für die Tonhöhenwahrnehmung angesehen.

In Anlehnung an diese Beobachtungen wird nun das mathematische Modell einer allgemeinen Koinzidenzfunktion entwickelt, indem die Logik simultaner Impulsfolgen mit mathematischen Mitteln untersucht wird. Die neuronale Codierung und anschließende Autokorrelation zur Periodizitätsanalyse lässt sich nämlich in einem mathematischen Formalismus nachbilden. Dazu wird eine Folge neuronaler Impulse durch eine Folge schmaler Impulse, z. B. Rechteckimpulse dargestellt:

$$x(t) = \sum I_\varepsilon(t - nT),$$

mit $I_\varepsilon(t)$ Rechteckimpuls der Breite ε. Indem den Impulsen eine schmale Breite gegeben wird, kann den Unschärfen in der neuronalen Verarbeitung Rechnung getragen werden. Mathematisch betrachtet sind die Impulse Wahrscheinlichkeitsdichtefunktionen. Geht man mit der Breite gegen Null, erhält man den Idealfall, indem nur bei ganzzahligen Schwingungsverhältnissen Koinzidenz möglich ist. Die Annahme einer Unschärfe macht es möglich, die Koinzidenz für beliebige Schwingungs-verhältnisse durch die allgemeine Koinzidenzfunktion zu berechnen.

Neuronal ist das Intervall als Summe zweier Impulsfolgen $x_1(t), x_2(t)$ mit den zu jedem Ton gehörenden Perioden repräsentiert. Bildet man für diese Summe $J(t) = x_1(t) + x_2(t)$ die Autokorrelation

$$a(\tau) = \int x(t) \cdot x(\tau + t)dt,$$

so zeigt diese Bereiche, in denen sich die Impulse der Autokorrelationsfunktion (bei Rechteckimpulsen sind das Dreiecke), überlappen, was neuronal einer Mehrfacherregung von Koinzidenzneuronen entspricht. Die Stärke dieser Mehrfacherregung wird allgemeiner Koinzidenzgrad genannt und ist in physikalischer Terminologie die durchschnittliche Energie der Autokorrelationsfunktion, die aus der Summe beider Impulsfolgen gebildet wird.

Dieser allgemeine Koinzidenzgrad hängt vom jeweiligen Schwingungsverhältnis ab. Wird jedes Schwingungsverhältnis auf den Koinzidenzgrad abgebildet, erhält man die allgemeine Koinzidenzfunktion. Der Graph dieser allgemeinen Koinzidenzfunktion zeigt umso höhere Werte, je höher der Konsonanzgrad des jeweiligen Intervalls ist. Damit wird durch die mathematische Logik die Vermutung unterstützt, dass verschiedene Grade der Koinzidenz neuronaler Impulse die Ursache für den Grad von Konsonanz oder Dissonanz sind.

Aber auch die bereits von Lipps geäußerte Vermutung, dass die Kohärenz der Mikrorhythmen in unmittelbarem Zusammenhang mit der von Carl Stumpf untersuchten Verschmelzung steht, wird untermauert: der Graph der allgemeinen Koinzidenzfunktion zeigt denselben Verlauf, wie das von Stumpf mitgeteilte „System der Verschmelzungsstufen in einer Curve" (Stumpf [6] 1890/ 1965).

Die Wahl der Impulsform ist letztendlich ohne Bedeutung, da die Wahrscheinlichkeitsdichtefunktionen gegen den diskreten Fall des Dirac- Impulses (δ- Impuls) konvergieren, wenn man ihre Breite immer mehr verkleinert. Bei Dirac- Impulsen hat man den Fall exakt ganzzahliger Schwingungsverhältnisse, wie ihn die herkömmlichen Koinzidenztheorien betrachten. Für diesen Fall ergibt es sich automatisch, dass aus der allgemeinen Koinzidenzfunktion für jedes ganzzahlige Schwingungsverhältnis

$$s = \frac{p}{q}$$

der Grad der Koinzidenz direkt aus p und q berechnet werden kann, eine Eigenschaft die an Eulers Gradus – Funktion erinnert.

5. Literaturverzeichnis

Auhagen W.   Ein Beitrag zur musikalischen Grammatik: Grundzüge der Tonalitätswahrnehmung bei Melodien, in: J. P. Fricke: Die Sprache der Musik, Festschrift für Klaus Wolfgang Niemöller Regensburg 1989

Experimentelle Untersuchungen zur auditiven Tonalitätsbestimmung in Melodien Kassel 1994

Aures W.   Ein Berechnungsverfahren der Rauhigkeit, *Acustica* 58, 1985 S. 268 – 281

Der sensorische Wohlklang als Funktion psychoakustischer Empfindungsgrößen, *Acustica* 58, 1985 S. 282 – 290

Békéksy G. von   Experiments in Hearing; üb.: E. G. Wever, New York 1960

Borstel M., G Langner, G. Palm,   A biologically motivated neural network for phase extraction from complex sounds, *Biol.Cybern.* 90, 2004 S. 98 – 104

Bregman A. S.   Auditory Scene Analysis – the Perceptual Organization of Sound, Cambridge, MA 1990

Cariani P. A., B. Delgutte   Neural Correlates of the Pitch of Complex Tones. I. Pitch and Pitch Salience, II. Pitch Shift, Pitch Ambiguity, Phase Invariance, Pitch Circularity, Rate Pitch, and the Dominance Region for Pitch, *Journal of Neurophysiology*, vol 76, No. 3, S. 1698 – 1716, S. 1717 – 1734, September 1996

Ebeling M.   Tonhöhe, physikalisch – musikalisch – psychologisch – mathematisch, Frankfurt/M. 1999

Euler Leonard

Tentamen novae theoriae musicae, Petersburg 1739

Fano R. M.

Short – Time Autocorrelation Functions and Power Spectra, Journal of the Acoustical Society of America, (1950) 22,5

Feldtkeller, Richard

Die Hörbarkeit nichtlinearer Verzerrungen bei der Übertragung musikalischer Zweiklänge, in: *Acustica* Akustisches Beiheft Zürich 1952 S. 117 – 124

Fricke J. P.

Intonation und musikalisches Hören. Maschinenschrift, Köln 1968

Moderne Ansätze in Mengolis Hörtheorie, in: H. Hüschen (Herausg.): Musicae, Scientiae, Collectanae, Festschrift für Karl August Fellerer. Köln 1973 S. 117 – 125

Hindemiths theoretische Grundlegung der Kompositionstechnik in seiner „Unterweisung im Tonsatz", in: Ars musica – musica scientia, Festschrift für Heinrich Hüschen, Köln 1980

Klangbreite und Tonempfinden. Bedingungen kategorialer Wahrnehmung aufgrund experimenteller Untersuchungen der Intonation, Bd. 5/1988 S. 67 - 87

Galilei Galileo

Discorsi e dimostrazioni matematiche interno à due nuove scienze attenenti alla mecanica ed i movimenti locali, Leiden 1638

Goldstein J. L.

Auditory Nonlinearity, *Journal of the Acoustical Society of America*, (1967) 42,3

Goldstein J. L., P. Scrulovic

Auditory-nerve spike intervals as an adequate basis for aural spectrum analysis, in: E. F. Evans/J. P. Wilson, Physiology of Hearing, New York 1977 S. 337 – 345

Hartmann, William M.	Signal, Sound, and Sensation, New York 1998/ [4]2000
Helmholtz H. von	Die Lehre von den Tonempfindungen. Als physiologische Grundlage der Musik (1862), Braunschweig [6]1913, Nachdruck: Hildesheim 1983
Hesse H. – P.	Die Wahrnehmung von Tonhöhe und Klangfarbe als Problem der Hörtheorie, Köln: 1972
	Intervall, II. Historisch (neuere Zeit) und systematisch., in: MGG 2. Ausg Kassel (1989) 1995/1996
	Hatte Lipps doch recht? Tonverwandtschaft und Tonverschmelzung im Lichte der heutigen Gehörphysiologie, in: Systemische Musikwissenschaft, Festschrift Jobst Peter Fricke zum 65. Geburtstag, herausg.: Auhagen W./ B. Gätjen/ K. W. Niemöller, Köln 2003a
	Musik und Emotion, Wissenschaftliche Grundlagen des Musik – Erlebens, Wien 2003b
Hindemith, Paul	Unterweisung im Tonsatz, I. Theoretischer Teil Mainz 1940
Husmann H.	Einführung in die Musikwissenschaft, Wilhelmshaven 1957/[4]1991
	Eine neue Konsonanztheorie, *Archiv für Musikwissenschaft* 1952 Heft ¾, S. 219 – 230
	Vom Wesen der Konsonanz, Heidelberg 1953
Indlekofer K.-H.	Zahlentheorie, Stuttgart 1978

Jeffress, J. A.

A place theory of sound localisation, *The Journal of Comparative Physiological Psychology* 1948 41 S.35 – 39

Kameoka Akio, Kuriyagawa, Mamoru

Consonance Theory Part I: Consonance of Dyads
Consonance Theory Part II: Consonance of Complex Tones and Its Calculation Method, *Journal of the Acoustical Society of America* (1969) 45,6

Kanis L. – J., de Boer E.

Two – tone suppression in a locally active nonlinear model of the cochlea, *Journal of the Acoustical Society of America* (1994) 96,4

Keidel W. D. (Herausg.)

Physiologie des Gehörs, Stuttgart 1975

Kraft L. G.

Correlation Function Analysis, *Journal of the Acoustical Society of America* (1950) 22,6

Krüger F.

Differenztöne und Konsonanz, in: *Archiv für die gesamte Psychologie* I (1903) S. 205 – 225

Küpfmüller, K.

Die Systemtheorie der Elektrischen Nachrichtenübertragung, Stuttgart 1974

Langner G.

Time Coding and Periodicity Pitch, in: A. Michelsen, Time Resolution in Auditory Systems Berlin/Heidelberg 1985

Temporal Processing of Pitch in the Auditory System, in: Proceedings of the 32nd Czech Conference on Acoustics, Prague 1995
Die zeitliche Signalverarbeitung im Hörsystem; Homepage G. Langner/ Thema Forschung (TUD) 2/99).

Neuronal mechanisms underlying the perception of pitch and harmony, *Annals of the New York Academy of sciences* vol. 1060 New York 2005 S. 50 – 52

Langner G., C. E. Schreiner
Die Feinstruktur der tonotopen Organisation im Inferior Colliculus der Katze und ihre Beziehung zu den Frequenzgruppen. *Fortschritte der Akustik – DAGA, '86*

Periodicity Coding in the Inferior Colliculus of the Cat. I. Neuronal mechanisms, II. Topographical Organization, *Journal of Neurophysiology* vol. 60. No. 6, S. 1799 – 1822 u. S. 1823 – 1840, December 1988

Langner G., S. Braun
Nachweis einer orthogonalen Repräsentation von Periodizitäts- und Frequenzinformation im Colliculus inferior mit der 2 – Deoxyglucose Methode, *Fortschritte der Akustik – DAGA 2000*

Lemacher H., H. Schroeder
Formenlehre der Musik, Köln 1962

Harmonielehre, Köln [6]1970

Lehrbuch des Kontrapunktes, Mainz [7]1977

Licklider J. C. R.
A Duplex Theory of Pitch Perception, in: Experimenta, Vol. VII/4, 1951

Lindley M., R. Turner - Smith
Mathematical Models of Musical Scales. Bonn 1993

Lipps, Theodor
Tonverwandtschaft und Tonverschmelzung, in: Zeitschrift für Psychologie und Physiologie der Sinnesorgane Bd. 19 herausg. Herm. Ebbinghaus/ Arthur König Leipzig 1899

Mangoldt H. von, K. Knopp Einführung in die Höhere Mathematik
3 Bände Stuttgart [11]1958

Mazzola Guerino Geometrie der Töne, Elemente der Mathematischen Musiktheorie, Basel 1990

McKinney M. F., M. J. Tramo, B. Delgutte Neural correlates of musical dissonance in the inferior colliculus, in: D. J. Breebaart (Herausg.), Physiological and Psychological Bases of Auditory Function, Maastricht 2000

Meddis R. Simulation of Mechanical to Neural Transduction in the Auditory Receptor, *Journal of the Acoustical Society of America*, (1986) 79, S. 702 – 711

Simulation of auditory-neural transduction: Further studies, *Journal of the Acoustical Society of America*, (1988) 83,3, S. 1056 – 1063

Meddis Ray, Michael J. Hewitt Virtual pitch and phase sensitivity of a computer model of the auditory periphery.
I. Pitch identification
II: Phase sensitivity, *Journal of the Acoustical Society of America*, (1991) 89,6 S. 2866 - 2894

Meddis Ray, L. P. O'Mard, E. A. Lopez-Poveda A computational algorithm for computing nonlinear auditory frequency selectivity, *Journal of the Acoustical Society of America*, (2001) 109, S. 2852 – 2861

Mengoli P. Speculationi di musica, Bologna 1670

Mersenne Marin Livre Premier de La Nature et des Proprietez du son, in: Harmonie Universelle, contenant la theorie et la pratique de la musique, Paris MDCXXXVI (1636)

Michelsen A. (Herausg.)	Time Resolution in Auditory Systems, Berlin/ Heidelberg 1985
Papoulis A.	The Fourier Integral And Its Applications, New York, 1962
	Probability, Random Variables, and Stochastic Processes, New York, (1965) ^{4}1986
Parncutt, Richard	Harmony: A Psychoacoustical Approach, Berlin Heidelberg 1989
Patterson R. D.	The sound of a sinusoid: Spectral models, *Journal of the Acoustical Society of America*, (1994) 96,3
Patterson R. D., M. H. Allerhand	Time-domain modeling of peripheral auditory processing: A modular architecture and a software platform, *Journal of the Acoustical Society of America*, (1995) 98,4
Patterson R. D., I. Nimmo-Smith, J. Holdsworth, P. Rice	Implementing a gammatone filter bank, SVOS Final Report (1988): The Auditory Filter Bank
Plomp R., W. J. M. Levelt	Tonal Consonance and Critical Bandwidth, *Journal of the Acoustical Society of America*, (1965), 38
Plomp Reinier	The ear as a Frequency Analyzer, *Journal of the Acoustical Society of America*, (1964) 36,9
	Detectability Threshold for Combination Tones, *Journal of the Acoustical Society of America*, (1965) 37,6
	The Intelligent Ear, Mahwah/London 2002
	Pitch of Complex Tones, *Journal of the Acoustical Society of America*, (1967) 41,6

Rhode W. S.

Interspike intervals as correlate of periodicity pitch in cat cochlear nucleus, *Journal of the Acoustical Society of America* (1995), 97,4

Rindsdorf G.

Ohrfunktionstheorien, Mathematik der Basilarmembran, in: Keidel 1975, S. 64ff

Romani, G. L., S. J. Williamson, L. Kaufmann

Tonotopic organization of the human auditory cortex, *Science* 216 (1982), S. 1339 – 1340

Rose J. E.; J. F. Brugge, D. J. Anderson, J. E. Hind

Phase-locked response to low-frequency tones in single auditory nerve fibers of the squirrel monkey, *Journal of Neurophysiology* 34 S. 769 – 793, 1967

Skurdrzyk E.

Die Grundlagen der Akustik, Wien 1954

Stumpf Carl

Tonpsychologie, München 1890, Nachdruck Hilversum 1965

Neueres zur Tonverschmelzung, in: Zeitschrift für Psychologie und Physiologie der Sinnesorgane Bd. 15 herausg. Herm. Ebbinghaus/ Arthur König Leipzig 1897 S. 280 -303/ 354

Konsonanz und Konkordanz, Nebst Bemerkungen über Wohlklang und Wohlgefälligkeit musikalischer Zusammenhänge, in: Zeitschrift für Psychologie und Physiologie der Sinnesorgane Bd. 58 herausg. F. Schumann Leipzig 1911 S. 321 – 355

Die Sprachlaute. Experimentell-phonetische Untersuchungen. Nebst einem Anhang über Instrumentalklänge, Berlin 1926

Terhardt E.

Zur Tonhöhenwahrnehmung von Klängen
I. Psychoakustische Grundlage
II. Ein Funktionsschema,
In: *Acustica* 26/4 1972 S. 172 – 199

On the Perception of Periodic Sound fluctuations (Roughness), *Acustica* Vol. 30 (1974)

Ein psychoakustisch begründetes Konzept der Musikalischen Konsonanz, *Acustica* Vol. 36 (1976/1977)

The Two – Component theory of Musical Consonance, in : Evans, E. F, and J. P. Wilson, Psychophysica and Physiology of Hearing, London 1977, p. 381 – 390

Die psychoakustischen Grundlagen der musikalischen Akkordgrundtöne und deren algorithmische Bestimmung, in: Dahlhaus C./ C. Krause, Tiefenstruktur der Musik – Festschrift Fritz Winckel Berlin 1982 S. 23 – 50

Fourier Transformation of Time Signals: Conceptual Revision, *Acustica* Vol. 57 (1985)

Verfahren zur gehörbezogenen Frequenzanalyse, *Fortschritte der Akustik – DAGA '85*

Akustische Kommunikation, Grundlagen mit Hörbeispielen, Berlin/ Heidelberg/ New York 1998

Tramo, M. J., P. A. Cariani, B. Delgutte; L. D. Braida

Neurobiological Foundations for the Theory of Harmony in Western Tonal Music, in: Zatorre et al.: The Biological Foundations of Music, *Annals of the New York Academy of Sciences*, vol. 930, June 2001

Voigt W.	Dissonanz und Klangfarbe – Instrumentationsgeschichtliche und experimentelle Untersuchungen, Bonn 1985
Wever E. G.	Theory of Hearing, New York 1949/⁴1965
Wever E. G., C. W. Bray	Action Currents in the Auditory Nerve in Response to Acoustical Stimulation, in: *Proceedings Natural Academy of Sciences* 16 (1930) Washington, S. 344 – 350.
Wiener Norbert	Generalized Harmonic Analysis, Acta Mathematica (1930) 55
Wellek, Albert	Konsonanz und Dissonanz, psychologisch, in: MGG alt Bd.7 Kassel 1958 Spalten 1486 – 1500
Winckel, Fritz	Konsonanz und Dissonanz, akustisch, in: MGG alt Bd.7 Kassel 1958 Spalten 1482 – 1486
Yost W. A.	Fundamentals of Hearing, Fourth Edition, San Diego 2000 Fundamentals of Hearing, An Instructor's Workbook, Fourth Edition, San Diego 2000
Zatorre R. J., I. Peretz	The Biological Foundations of Music, *Annals of the New York Academy of Sciences*, vol. 930, June 2001
Zhang, Xuedong und M. G. Heinz, I. C. Bruce, L. H. Carney	A phenomenological model for the responses of auditory –nerve fibers: I. Nonlinear tuning with compression and suppression, *Journal of the Acoustical Society of America*, (2001) 109, 2 S. 648 – 670
Zwicker, E. und H. Fastl	Psychoacoustics, Second Updated Edition, Berlin, 1999
Zwicker, E. und R. Feldtkeller	Das Ohr als Nachrichtenempfänger, Stuttgart 1967

Theory of Hearing, New York 1949/⁴1965